AF391819

DOCUMENTS

POUR

L'ÉTUDE PRATIQUE

DE LA

CONSTITUTION DU CRÉDIT COOPÉRATIF AGRICOLE

Publiés par la CAISSE D'ÉPARGNE de MARSEILLE

MARSEILLE
IMPRIMERIE A. GARRY & C°
Rue Sainte, 6
1892

CAISSE D'ÉPARGNE DE MARSEILLE

EXTRAIT DES PROPOSITIONS PRÉSENTÉES

par M. E. ROSTAND, président

au conseil des directeurs le 24 juin 1891

Relativement à divers emplois du Xᵉ disponible du boni 1890

. . . .

A. *Épargne rurale en vue du crédit mutuel.*

Il est maintenant acquis, d'après l'expérience de l'Allemagne, de l'Italie et d'autres peuples, que la seule base vraie du crédit agricole est l'association locale d'épargne et de crédit mutuel. En ce sens ont conclu les trois congrès de la coopération de crédit tenus à Marseille, Menton et Bourges ([1]); en ce sens les plus récents ouvrages publiés sur le crédit agricole et appuyés sur la connaissance des faits étrangers ([2]).

Les caisses d'épargne allemandes et italiennes ont été les sources alimentaires du crédit coopératif rural. Votre institution peut au moins, en attendant une législation

---

([1]) *Actes* de ces congrès, libr. du Crédit mutuel et populaire, Paris, 1890, 1891, 1892.

([2]) Le *Crédit Agricole en France et à l'étranger*, par J. Durand, Paris, Chevalier-Marescq 1891. — Le *Crédit Agricole en Allemagne*, par E. Le Barbier, Paris, Berger-Levrault, 1890. — Le *Crédit Mutuel agricole*, par L. Milcent. — Rapports de MM. Etcheverry, député des Basses-Pyrénées, au congrès de la Paix sociale (28 mai 1891), et C. Rousseau, conseiller général du Cher, au congrès des banques populaires à Bourges (1891).

moins étroite, tenter de promouvoir un essai de cet ordre, au bénéfice de sa clientèle rurale, dans l'une des communes du département des Bouches-du-Rhône où elle a des succursales. Elle s'engagerait dans ce but à souscrire pour fr. 1.000 en parts ou actions dans la première coopérative d'épargne et de crédit rural qui se constituerait sur les types sanctionnés par l'expérience en Allemagne et en Italie, dans une des communes des Bouches-du-Rhône où sont établies nos succursales, pourvu que les statuts et le conseil d'administration offrissent les garanties désirables.

La proposition qui précède a été adoptée par le conseil des directeurs de la Caisse d'épargne des Bouches-du-Rhône, et convertie en délibération.

Les documents qui suivent ont été imprimés pour être distribués, comme le meilleur moyen d'étude pratique, aux habitants des localités sus-visées qui ont demandé à la Caisse d'être mis à même de connaître et d'examiner les types d'association de l'espèce sanctionnés par l'expérience.

STATUTS

D'UNE

BANQUE POPULAIRE ITALIENNE

A OPÉRATIONS DE CRÉDIT AGRICOLE (¹)

SOCIÉTÉ ANONYME COOPÉRATIVE

TITRE I

Constitution, but, durée et siège de la Société.

ARTICLE PREMIER

Une société anonyme coopérative est instituée à ..., société à responsabilité limitée, sous le titre de : *Banque populaire de...*

ART. 2.

Son but est de procurer le crédit à ses membres par le moyen de la mutualité et de l'épargne.

ART. 3.

Elle aura une durée de 50 ans à partir de la date de l'acte constitutif, avec faculté de prorogation.

(1) Banque populaire de Vicence — 1883.

Art. 4.

Son siège est à ..., où sont installés ses bureaux.

Par délibération de l'assemblée générale des sociétaires, elle pourra créer des maisons succursales et des agences dans le territoire de la province de ... et des provinces limitrophes. Les règles pour la création et l'administration de ces succursales feront l'objet d'un règlement spécial.

TITRE II

Patrimoine de la Société.

Art. 5.

Le patrimoine de la société est composé :

a) des actions souscrites par les sociétaires, dont la valeur nominale est de 30 lire chacune ;

b) de la réserve ;

c) des fonds spéciaux affectés à des opérations déterminées.

Art. 6.

Afin de mieux développer ses opérations, la société pourra contracter des emprunts et émettre des obligations sous la garantie de son patrimoine social, toujours dans les limites établies par les lois en vigueur.

TITRE III

Sociétaires.

Art. 7.

Pour faire partie de la société il faut adresser une

demande par écrit au conseil d'administration, dans laquelle le postulant déclare se soumettre aux obligations imposées par les statuts, les règlements et les délibérations de la société.

Cette demande doit être signée par deux sociétaires qui se portent garants de l'honorabilité du postulant.

Si l'admission est refusée par le conseil d'administration, on a le droit d'en appeler à l'assemblée générale.

Les sociétés coopératives et de secours mutuels, les corporations morales peuvent faire partie de la société, avec les mêmes droits et obligations que tout sociétaire. Elles peuvent se faire représenter par des délégués, qui néanmoins, à ce seul titre, ne pourront être élus à aucune autre fonction.

Art. 8.

Le postulant admis par le conseil est considéré comme sociétaire ; toutefois l'exercice des droits inhérents à sa qualité est limité de la manière qui va être dite.

Art. 9.

Le nouveau sociétaire doit :

a) acheter au moins une action ;

b) prendre à sa charge les obligations de la société en proportion du nombre des actions dont il est titulaire ;

c) verser en souscrivant un droit d'admission fixé à 2 fr. 50 par action.

Art. 10.

Le sociétaire qui n'a acheté qu'une seule action pourra en solder le montant par cotisations mensuelles de au moins deux lire.

Art. 11.

Le sociétaire a droit :

a) d'obtenir le crédit dans les limites et conditions déterminées par les statuts ;

b) de voter dans les réunions, si toutefois il a soldé au moins la moitié de son action, ainsi que le droit d'admission, et s'il appartient à la société depuis un trimestre ;

c) de participer au patrimoine et aux bénéfices au prorata de ses actions.

Art. 12.

Le conseil ne peut accorder à aucun sociétaire plus de cent actions.

Si par droit de succession ou par jugement un sociétaire venait à posséder une quantité d'actions supérieure à ce chiffre, il n'aura droit qu'au partage des bénéfices sociaux, et il sera obligé de s'occuper du placement de l'excédent dans le délai de trois ans.

Si le sociétaire refuse de se soumettre à cette obligation, la société pourra suspendre le payement du dividende et même faire vendre les quotités ; et cela selon les dispositions de l'art. 31, tout en tenant à la disposition de l'intéressé le produit de cette vente.

Art. 13.

Le conseil peut exclure de la société :

a) si sans un motif admissible, le sociétaire est en retard de trois quotités de l'action par lui signée ;

b) s'il a forcé la société à des poursuites judiciaires pour obtenir l'accomplissement des obligations contractées vis-à-vis d'elle ;

c) s'il a été condamné à des peines criminelles, pour n'importe quel crime, ou à des peines correctionnelles pour corruption, vol, faux en écritures, ou filouterie ;

d) s'il a commis des actes considérés comme déshonorants par le conseil d'administration.

Le sociétaire peut en appeler des délibérations du conseil à l'assemblée générale.

Art. 14.

Dans les cas prévus par les paragraphes *b, c, d,* de l'article précédent, la société remboursera au sociétaire le montant des quotités qui lui sont dues, les calculant au prix de la vente réalisée, selon les dispositions de l'art. 31. Elle ne remboursera pas le droit d'admission.

Art. 15.

Ne peut plus appartenir à la société le membre qui cède sa propre quotité ; et les dispositions de la loi lui sont applicables.

Art. 16.

Les actions sont nominatives et personnelles ; elles ne peuvent être cédées, ni mises en gage, sans l'assentiment du conseil d'administration.

Elles sont liées en faveur de la société à toutes les obligations de n'importe quelle nature que le sociétaire a contractées avec la susdite.

Si toutefois la valeur des actions dont le sociétaire est détenteur dépasse le montant des créances actives de la société vis-à-vis de celui-ci, il pourra disposer de l'excédent.

Le conseil peut accorder des avances sur les actions, et même en acheter pour le compte de la société.

Art. 17.

Si le sociétaire manque aux obligations contractées avec la société, cette dernière pourra faire vendre ses actions dans les formes indiquées par l'art. 31, même par le moyen d'un duplicata si le certificat relatif n'a pas été déposé à la société.

Art. 18.

Le sociétaire participe aux dividendes, à partir du trimestre (calculé selon l'année solaire) qui suit le versement total de son action.

Art. 19.

Après avoir soldé le montant de son action, le droit d'admission, et tous les frais analogues, le sociétaire reçoit un certificat indiquant le chiffre de sa participation au patrimoine social.

Art. 20.

Au commencement de chaque année le conseil détermine le prix des actions, en raison de leur participation au patrimoine social.

TITRE IV

Opérations de la Société.

PREMIÈRE PARTIE

Opérations ordinaires.

Art. 21.

La société :

a) accorde des prêts, escompte les traites, les factures, les mandats des administrations publiques, les bons du Trésor, de la province ou du municipe ;

b) fait les opérations de crédit agricole ;

c) accorde des avances même en compte-courant, sur gage des valeurs publiques garanties par l'Etat ;

d) reçoit des dépôts en espèces ;

e) fait le service de caisse pour le compte des tiers ;

f) reçoit des valeurs, tant en garde, que pour les négocier ;

g) fait des prêts sur l'honneur ;

h) administre sans aucun profit le patrimoine des sociétés coopératives de production et de consommation.

Les opérations indiquées aux lettres *a* et *b* ne peuvent être faites qu'avec les sociétaires.

Les opérations les plus minimes auront toujours la préférence sur celles d'une plus grande importance.

Art. 22.

La société s'interdit rigoureusement toute opération aléatoire ; elle ne place pas les capitaux reçus en dépôt en des opérations à longue échéance, ou en achat d'immeubles, à moins qu'elle ne soit obligée de le faire pour sauvegarder ses propres créances, ou pour l'installation de ses bureaux.

Prêts et escomptes

Art. 23.

Le sociétaire qui demande un prêt, ou à escompter, doit :

a) avoir soldé intégralement le montant de son action ;

b) être libéré de toute dette avec la société, pour des prêts ou escomptes obtenus précédemment ;

c) offrir, selon les circonstances, des garanties morales et matérielles pour l'exécution exacte des obligations contractées.

ART. 24.

On pourra accorder aux sociétaires des prêts jusqu'au double du montant de leurs actions, calculées à la valeur nominale.

Pour des prêts d'une plus grande importance, seront nécessaires une caution, ou des garanties réelles, agréées par le comité d'escompte.

ART. 25.

Les prêts seront accordés pour un délai n'excédant pas six mois; une prorogation d'encore trois mois pourra cependant être accordée, si à l'échéance l'on rembourse au moins 1/5 de la somme prêtée.

ART. 26.

Les traites présentées à l'escompte doivent porter au moins deux signatures connues et agréées par la société. Leur échéance ne doit pas dépasser six mois, à partir de la date de la présentation.

Dans les signatures, sera aussi comptée la signature du sociétaire qui la présente.

ART. 27.

L'assemblée détermine chaque année le chiffre que l'administration pourra employer pour les prêts sur l'honneur, suivant les dispositions d'un règlement spécial.

Opérations de crédit agricole

Art. 28.

La société pourra, au moyen d'un règlement spécial :

a) accorder des prêts, à l'échéance d'une année, contre gage de produits agricoles ;

b) escompter aux propriétaires les quittances de loyer en se substituant aux droits de ces derniers vis-à-vis de leurs locataires ;

c) prêter aux cultivateurs contre gage sur les produits cueillis ou à cueillir, sauf abandon des privilèges du propriétaire en faveur de la société.

Avances sur gage

Art. 29.

La société pourra faire des avances sur les valeurs publiques émises et garanties par l'Etat, pour un chiffre non supérieur aux 4/5 de leur valeur nominale.

Art. 30.

Les avances seront accordées pour un délai qui ne dépassera pas six mois ; toutefois elles pourront être renouvelées.

Art. 31.

Si les titres offerts en gage subissaient une moins-value de 10 %. au moins, le subventionné devra rembourser une partie de l'avance reçue ou fournir un supplément de caution.

Si à l'échéance la restitution du montant reçu ne s'est pas opérée, ou, dans le cas de diminution de valeur, si le débiteur refuse le remboursement partiel de la différence ou le supplément de garantie dans le délai fixé par l'avis du directeur, la société pourra, sans besoin d'avoir recours à aucune formalité judiciaire, et seulement par l'intermédiaire d'un courtier public ou notaire, faire vendre les valeurs reçues en gage jusqu'à concurrence de son crédit en capital, intérêts et frais.

Ces conditions doivent être acceptées d'avance par l'emprunteur, dans une déclaration *ad hoc* signée par lui, ou par un acte séparé.

Cette déclaration n'est pas nécessaire pour les engagements garantis exclusivement par les actions dont le sociétaire est titulaire.

Art. 32.

Un règlement spécial déterminera les modalités des contrats pour les avances, les formalités pour la transmission des titres représentés par les susdites, ainsi que les règles pour les retirer.

Dépôts en espèces

Art. 33.

La société reçoit en dépôt les espèces, ouvrant au déposant un compte-courant.

Les dépôts pourront être mobilisés au moyen de chèques, par des livrets d'épargne nominatifs ou au porteur, ou par l'émission de bons ou autres obligations à échéance fixe.

Les règles relatives aux différentes catégories de ces dépôts seront déterminées par un règlement spécial.

Service de caisse

Art. 34.

La société pourra faire des payements et des recouvrements pour le compte de tiers, contre remboursement des frais ; elle pourra émettre des chèques sur les différents marchés du pays et de l'étranger, et recevoir des traites pour les encaisser. A cet effet, elle ouvrira des comptes-courants avec des maisons de banque et des correspondants.

Ouï l'avis des syndics, elle pourra se charger du service des receveurs des communes, sociétés, ou autres corps moraux, payant dans ce cas et en temps utile les impôts qui sont à la charge des sociétés, s'il y a des fonds suffisants au compte-courant, ou s'il en est fait la demande. Un règlement spécial déterminera les conditions de cette opération.

Dépôts en garde et administrés

Art. 35.

La société reçoit en garde des titres de crédit, manuscrits, ou tout autre objet précieux, contre une rétribution qui sera fixée par le conseil.

Art. 36.

Sauf le cas de force majeure, la société répond des objets déposés, mais jamais au-dessus de la valeur attribuée par les déposants aux susdits objets.

Art. 37.

La société poura recevoir pour être administrés des

titres de crédit payables dans le pays, se chargeant de l'encaissement des intérêts et dividendes relatifs, ainsi que de l'encaissement des titres sortis au tirage, portant le montant recouvré au crédit du compte-courant du déposant.

DEUXIÈME PARTIE

Opérations extraordinaires

ART. 38.

L'excédant des fonds qui restera disponible après les opérations ordinaires sera employé conformément aux règlements spéciaux :

1° à l'escompte de traites des sociétés coopératives, établissements de crédit, et des personnes ou maisons d'une solvabilité notoire, quoique non sociétaires, pourvu toutefois que les traites à escompter portent au moins deux signatures et une échéance non au delà de six mois ;

2° à des avances, même sous la forme de compte-courant, contre nantissement d'actions foncières, de titres industriels, de la province, ou des communes ;

3° en avances sur marchandises ;

4° en prêts hypothécaires, avec le système d'amortissement par quotités ;

5° en prêts aux provinces, communes et sociétés ;

6° en bons du Trésor, de la province, ou des communes, garantis par l'État ou les provinces, actions foncières émises par les établissements de crédit foncier, et obligations des banques populaires pour le service du crédit agricole ;

7° en dépôts en compte-courant dans les instituts de crédit et les banques d'une solidité reconnue.

Art. 39.

Le maximum de crédit qu'un sociétaire peut obtenir du comité d'escompte est de 20.000 lire ; pour les demandes au-dessus de ce chiffre (sans dépasser jamais 50.000 lire), il faudra l'approbation de la majorité absolue du conseil.

Dans le rapport annuel, il sera fait mention des affaires qui dépassent 20.000 lire.

Avec des corporations morales, on pourra aller au delà de 50.000 l., pourvu cependant qu'à la première réunion générale le conseil en donne communication, et toujours dans les conditions exposées à la première partie de cet article.

S'il s'agit de sociétés, le crédit ne pourra jamais excéder le quart du capital versé.

Si des garanties réelles sont offertes, on pourra augmenter le crédit jusqu'à concurrence des 4/5 de la valeur.

Art. 40.

Les fonds à employer en prêts ne pourront jamais être supérieurs au quart du capital social ; les immeubles à hypothéquer doivent se trouver dans la province où réside la société, et représenter au moins la double valeur de la somme à prêter, déduction faite des passifs antérieurs dont ils pourraient être aggravés.

Art. 41.

Les prêts ne pourront jamais être accordés pour un délai qui excède la durée de dix ans.

Auront toujours la préférence les crédits à courte échéance, ou contractés dans le but de favoriser les œuvres d'utilité publique et le bien-être de la classe ouvrière.

Les prêts aux provinces, communes ou sociétés, pourront avoir une durée de quinze ans au maximum, si le remboursement est réglé par quotités annuelles.

ART. 42.

Les marchandises ou denrées sur lesquelles on pourra faire des avances seront déterminées par le conseil.

TITRE V

Bilan, bénéfices, leur répartition, et réserve

ART. 43.

Le bilan doit exposer la situation des recettes.et dépenses de l'exercice, et le montant des profits et pertes vérifiés pendant l'année. Il sera présenté aux syndics, avant le jour fixé pour l'assemblée ordinaire, avec pièces justificatives à l'appui.

Une copie sera déposée dans les bureaux de la société, afin que les sociétaires puissent l'examiner .

ART. 44.

Les bénéfices sont répartis comme il suit :

75 % aux sociétaires au prorata des actions dont ils sont titulaires ;

20 % au fonds de réserve ;

5 % à la caisse de prévoyance instituée en faveur des employés, dont il est question à l'art. 83.

ART. 45.

La réserve est constituée :

a) par la première annuité de tous les bénéfices de la gestion sociale ;

b) par la retenue annuelle sur les bénéfices de l'exercice, comme à l'art. 41 ;

c) par la quotité du droit d'admission ;

d) par la différence entre la valeur nominale de l'action, et la valeur cotée chaque année et payée par les nouveaux sociétaires ;

e) par les bénéfices casuels.

Art. 46.

Lorsque le fonds de réserve sera arrivé à la moitié du capital social, tous les profits ultérieurs seront disposés de la manière suivante :

Les trois quarts seront affectés à augmenter le prorata dû aux sociétaires pour les bénéfices de l'exercice, comme à l'art. 44 ;

L'autre quart sera consacré par le conseil en totalité ou en partie à des primes et encouragements des œuvres d'instruction et d'une bienfaisance prévoyante, si toutefois des conditions spéciales, ou les intérêts de l'institut, n'obligent le conseil de donner une autre destination à ces bénéfices.

TITRE VI.

Assemblées des Sociétaires.

Art. 47.

Les assemblées des sociétaires sont ordinaires et extraordinaires.

Légalement constituées, elles réunissent la totalité des

sociétaires,qui délibèrent sur toutes les affaires spécifiées par les présents statuts.

Art. 48.

L'assemblée ordinaire aura lieu chaque année, au plus tard à la mi-février; et dans cette assemblée :

a) le compte-rendu et le bilan de l'exercice de l'année précédente seront présentés à l'approbation ;

b) on procédera à l'élection des administrateurs ;

c) on traitera toutes les affaires qui concernent l'assemblée portées à l'ordre du jour par délibération du conseil, ou sur la demande du comité des syndics, ou de 30 sociétaires.

La demande des sociétaires dont il est question ci-dessus doit être adressée par écrit au conseil, dans la première quinzaine de janvier.

Art. 49.

On pourra se réunir en assemblée extraordinaire lorsque le conseil le juge nécessaire, ou si la demande est faite par le conseil des syndics, ou par 100 sociétaires.

Art. 50.

Le conseil convoque l'assemblée au moins quinze jours avant le jour fixé pour la réunion, par un avis qui sera publié dans les journaux des annonces de la province et par des affiches, ou par tout autre moyen que le conseil déterminera.

L'avis de convocation indiquera les affaires portées à l'ordre du jour.

Art 51.

L'assemblée est régulièrement constituée si le cinquième des sociétaires y assiste. Au-dessous de ce chiffre l'assemblée sera renvoyée au septième jour suivant, et alors elle sera légalement constituée, quel que soit le nombre des présents. Les délibérations seront valables pour toutes les affaires portées à l'ordre du jour de la première convocation. Il sera fait mention de ceci dans le deuxième avis de convocation.

ART. 52.

Le sociétaire n'a droit qu'à une seule voix, quel que soit le nombre des actions en son pouvoir. La procuration n'est pas admise ; mais les pupilles pourront se faire représenter par leur tuteur.

ART. 53.

Les délibérations sont prises à la majorité absolue ; s'il s'agit de personnes, ou si vingt sociétaires le demandent, elles ont lieu au scrutin secret.

ART. 54.

Lorsque les trois quarts des sociétaires présents à l'assemblée estiment n'être pas renseignés suffisamment sur les questions à débattre, ils peuvent demander que la réunion soit renvoyée jusqu'au septième jour qui suit.

Ce droit ne peut être exercé qu'une seule fois pour la même question.

ART. 55.

La présidence de l'assemblée appartient au président du conseil, à moins que l'assemblée par délibération spéciale, qui peut être rendue par un vote public, ne délègue un autre sociétaire.

Le président nomme le secrétaire de l'assemblée parmi les sociétaires.

ART. 56.

Si dans une réunion l'ordre du jour n'a pas été épuisé, l'assemblée pourra être renvoyée au plus tard au septième jour suivant, par une déclaration qui sera faite en séance et portée successivement à la connaissance du public par le moyen d'affiches.

Dans les réunions de continuation, on pourra légalement délibérer quel que soit le nômbre des sociétaires présents, pourvu cependant que les questions à traiter soient indiquées dans l'ordre du jour précédemment notifié.

TITRE VII

Conseil d'administration.

ART. 57.

Le conseil est composé du président, vice-président et de dix conseillers qui restent en fonctions pendant deux ans.

Le conseil sera renouvelé chaque année par moitié. Dans la première année l'échéance est déterminée au tirage au sort, ensuite par ancienneté de nomination.

Les fonctions de secrétaire sont dévolues à un des sociétaires.

ART. 58.

Les fonctions des membres du conseil sont gratuites.

Les administrateurs ne contractent aucune responsabilité par le fait de leurs fonctions, sauf celle que leur impose la loi ou qui dérive de la violation du statut ou de l'inexécution des délibérations de l'assemblée. Les administrateurs sont exonérés de toute caution.

Art. 59.

Le conseil d'administration se réunit d'ordinaire deux fois par mois, et les réunions sont valables si la moitié au moins des membres qui le composent y assistent.

Les délibérations sont prises à la majorité absolue des voix.

Dans le vote public, la voix du président est prépondérante à voix égales ; mais dans le scrutin secret, les voix égales annulent la délibération.

Art. 70.

Le vote est public, ou au scrutin secret.

Ce dernier système doit toujours être admis, même s'il était demandé par un seul des conseillers ou syndics, et s'il s'agit de questions qui intéressent directement ou indirectement un des membres du conseil.

Art. 61.

Les réunions du conseil sont présidées par le président, et en son absence par le vice-président. Si ce dernier aussi est absent, le président peut déléguer quelqu'un parmi les conseillers les plus anciens pour le représenter.

Art. 62.

Le conseil s'occupe de tout ce qui concerne l'administration ordinaire et extraordinaire, à l'exception des affaires réservées par les dispositions du présent statut à l'assemblée ou aux autres organes administratifs.

Art. 63.

Les actes du conseil sont signés par le président ou son représentant et par le secrétaire.

Art. 64.

L'exécution des délibérations du conseil, si elle n'est pas confiée à quelqu'un ou à plusieurs de ses membres, appartient au directeur. Suivant les dispositions d'un règlement spécial, un conseiller, à tour de rôle, est nommé chaque semaine à l'effet et avec la faculté d'exercer la surveillance de l'institut, régler le service de la caisse et signer la correspondance.

TITRE VIII

Comité des syndics

Art. 65.

Le comité des syndics est composé de trois sociétaires qui restent en fonctions une année, et sont rééligibles. Font aussi partie du comité deux suppléants qui par rang d'âge remplacent les morts, les empêchés, les absents ou les démissionnaires.

Art. 66.

Les syndics veillent à la rigoureuse exécution des statuts, du règlement, des délibérations sociales, et exercent toutes les fonctions et contrôles à eux confiés par les lois en vigueur.

Art. 67.

Les syndics ont le droit d'obtenir du conseil tous les

renseignements et détails qui concernent les opérations sociales, d'assister, avec voix consultative, aux réunions du conseil et du comité d'escompte, et de faire insérer dans l'ordre du jour des susdites réunions et des assemblées générales les propositions qu'ils jugent opportunes à l'intérêt de la société.

Art. 68.

Ils peuvent fonctionner à tour de rôle, chaque semaine, selon les dispositions du règlement spécial.

TITRE IX

Comité d'escompte

Art. 69.

Le comité d'escompte se compose de quatre membres effectifs, élus au scrutin secret dans le sein du conseil, et par le conseiller de semaine qui les préside.

Le conseil nomme aussi deux suppléants, qui, sur l'invitation du bureau, remplacent le conseiller absent, ou celui parmi eux qui pour être conseiller de semaine doit présider la réunion.

Art. 70.

Le président du conseil peut assister à toutes les séances du comité d'escompte, avec voix délibérative.

Assistent avec voix consultative un des syndics et le directeur.

Aucun autre membre ne peut être admis aux séances du comité.

Art. 71.

La présence de quatre membres du conseil rend valable la réunion.

Les délibérations sont prises à la majorité absolue des voix, et dans le cas de voix égales, la demande est considérée comme repoussée.

Art. 72.

Le comité ne pourra délibérer sur une demande qui intéresse directement ou indirectement l'un ou l'autre de ses membres.

Ces demandes seront renvoyées à une autre réunion, ou au conseil d'administration, sans que l'intéressé y assiste.

Art. 73.

Le vote est public ou au scrutin secret.

Toutefois s'il s'agit de prêts ou d'escomptes portant la signature d'un conseiller de l'administration, le vote aura toujours lieu au scrutin secret.

Chaque membre du comité présent à la réunion a la faculté de demander, séance tenante, de tenir en suspens l'exécution d'une demande agréée, pour en appeler au conseil.

Art. 74.

Il ne peut être accordé aucun prêt, ni traité aucun escompte, sans l'approbation du conseil, sauf dans les cas prévus par l'art. 39.

Le maximum du crédit à accorder aux sociétaires, aux instituts, aux personnes et aux maisons de commerce admises à des opérations d'escompte extraordinaires, doit être au préalable déterminé par le conseil et indiqué sur une fiche spéciale avec tous les renseignements, à vérifier au moins une fois par semestre.

Le directeur doit répondre à tous les renseignements demandés par le comité d'escompte.

Art. 75.

L'administration n'est obligée de donner aucune explication si elle refuse un crédit, encore moins d'en spécifier le motif.

TITRE X

Employés

Art. 76.

Les employés sont sous la dépendance du conseil d'administration qui les nomme, les suspend, les révoque, suivant les dispositions du règlement spécial.

Art. 77.

Pour la nomination ou la révocation du directeur, est nécessaire la présence d'au moins trois quarts des conseillers, et la délibération doit être prise à la majorité d'au moins les trois quarts des présents.

Art. 78.

Le directeur représente la société vis-à-vis des tiers et en justice, signe la correspondance, endosse les traites et toute autre pièce ou document social, surveille les employés et la comptabilité ; il est chargé de la publication mensuelle de la situation, assiste avec voix consultative aux séances du conseil et du comité d'escompte, enfin accomplit toutes les fonctions dont il a été investi par délibération du conseil.

Art. 79.

Le caissier doit tenir à jour et en pleine évidence les livres d'entrée et de sortie, se prêtant à toutes les vérifications, et donnant tous les renseignements demandés par le conseiller de semaine, les syndics, et le directeur.

Art. 80.

Le directeur et le caissier doivent fournir un cautionnement dans la mesure déterminée par le conseil d'administration.

Art. 81.

En cas d'empêchement, absence ou éloignement du directeur et du caissier, un membre du conseil les remplacera, si toutefois le conseil ne décide de confier les fonctions de caissier et de directeur à une autre personne dont les pouvoirs seront déterminés selon les circonstances.

Art. 82.

Ne pourront être admis comme employés que les sociétaires de la banque.

Art. 83.

Les employés ne participent pas aux bénéfices ; mais il sera institué une caisse de prévoyance avec un règlement spécial approuvé par l'assemblée.

Les traites portant la signature d'un employé ne seront pas admises à l'escompte.

TITRE XI

Amortissement des titres égarés

Art. 84.

En cas de perte, vol ou destruction des quittances des quotités sociales, des polices de dépôt, des livrets nominatifs de compte-courant ou d'épargne, des mandats de paiement reçus, ou autres documents, on pourra délivrer un duplicata en échange dans les formes et avec les garanties suivantes.

Art. 85.

Celui qui dénonce la perte d'un titre et en demande un duplicata devra prouver l'identité du titre perdu et déposer la somme nécessaire pour les frais de publication.

Art. 86.

La présidence, à la suite d'une telle dénonciation, suspend tout paiement ou la restitution des valeurs représentées par le titre perdu.

Art. 87.

Le conseil d'administration fera publier, dans le journal des annonces judiciaires de la province, un avis qui sommera le détenteur inconnu du titre perdu de le remettre à la direction, ou de faire valoir ses propres raisons dans un délai à déterminer selon les circonstances et jamais inférieur à trois mois ; l'avertissant que faute d'opposition, le titre en question perdra sa valeur, et qu'il sera procédé à l'émission d'un duplicata.

Les publications se feront par trois fois, avec un intervalle de quinze jours entre chaque publication, qui compteront de la dernière publication.

Le détail des titres dénoncés comme égarés doit ètre exposé sur un tableau au siège de la société.

Art. 88.

Passé le délai ci-dessus indiqué sans aucune opposition des tiers, si cette dernière a été annulée par un jugement ou retirée par un acte, le conseil déclarera que les titres égarés ont perdu leur valeur et les remplacera par un duplicata.

Art. 89.

Le conseil pourra exonérer le postulant de toutes les susdites formalités, et délivrer le duplicata sur la garantie personnelle et effective.

Art. 90.

Dans les cas de perte, vol, ou destruction de traites ou de chèques de banque, on suivra les règles déterminées par le code de commerce.

TITRE XII

Dissolution.

Art. 91.

La société pourra se dissoudre même avant l'époque fixée, si elle subit la perte d'au moins la moitié du capital versé, ou si la dissolution est délibérée en assemblée convoquée exclusivement à cet effet. A cette assemblée le tiers des sociétaires au moins doit y assister, avec la majorité des trois quarts des voix des présents.

En cas de dissolution, l'assemblée détermine les règles de la liquidation et de son produit ; elle désigne les liquidateurs et les vérificateurs des comptes.

Le partage du patrimoine social sera fait en raison de la part d'intérêt de chaque sociétaire.

TITRE XIII

Dispositions diverses.

ART. 92.

L'assemblée pourra proroger la société et faire toute modification ou addition aux présents statuts.

Les délibérations seront approuvées par le nombre de sociétaires et par la majorité des voix déterminées dans les cas de dissolution de la société.

Si le tiers des sociétaires ne se trouvait pas présent à la première convocation, l'assemblée se réunira de nouveau, au moins quinze jours après.

La décision sera alors valable, quel que soit le nombre des présents, mais à la majorité des trois quarts des voix.

ART. 93.

Un règlement général, rédigé et approuvé par le conseil, sera toujours à la disposition des sociétaires, afin qu'ils puissent en prendre connaissance.

CONVENTION

ENTRE

Une Banque Populaire d'un centre rural et un Comice Agricole[1]

ART. 1.

La Banque Populaire affecte un fonds de... pour des prèts agricoles de faveur aux agriculteurs qui en seront dignes, soit pour achat de machines, semences, engrais naturels ou chimiques, soit pour achat de bestiaux, soit pour travaux d'amélioration de la terre, et ce, avec le concours du Comice Agricole.

Ne pourront obtenir des avances pour achat de bestiaux que les agriculteurs cultivant au moins 2 hect. de terre soit comme propriétaires, soit comme locataires.

ART. 2.

Au fonds des prèts seront ajoutées toutes subventions qui seraient accordées dans le même but par l'Etat, des corps moraux ou des particuliers.

(1) Banque populaire de Lonigo (Vénétie) et Comice Agraire de Lonigo. — Convention du 10 juin 1884.

Art. 3.

Les prêts ne seront accordés qu'aux cultivateurs dout le besoin sera constaté, ainsi que la solvabilité et la ponctualité, le tout attesté par le Comice, qui aura pris les renseignements nécessaires et sur le montant du prêt sollicité, et sur les conditions de la terre à laquelle le prêt doit servir.

Art. 4.

Il sera fourni la preuve que les outils, les instruments aratoires, les bestiaux ont été assurés contre l'incendie, ainsi que l'immeuble si l'agriculteur est propriétaire. Il est en outre tenu d'assurer la récolte du blé contre la grêle. Le locataire devra exhiber la quittance de son bailleur constatant qu'il est à jour pour le payement du loyer.

Art. 5.

Le maximum du crédit pour chaque postulant est de 500 l. En aucun cas l'échéance n'excédera une année.

Art. 6.

Le taux d'intérêt sera de... payé à la fin de l'opération. L'emprunteur peut se libérer par à-comptes de 10 l. au moins, pour lesquels il lui sera calculé comme remboursement l'intérêt à partir du jour qui suit le versement.

Art. 7.

Si le paiement n'est pas opéré complètement et exactement, ou si quelque autre obligation a été enfreinte, ou si une partie ou totalité de la somme avancée a été employée à d'autres objets qu'il n'avait été déclaré, l'emprunteur sera soumis :

a) à la perte de l'intérêt de faveur, qui sera converti en 7 0[0;

b) à l'exclusion de tous autres prêts de faveur.

Art. 8

Les demandes sont présentées au Comice, sur un modèle contenant promesse de se conformer aux règles du présent accord, parmi lesquelles la principale est celle que les marchandises et animaux à acheter par le postulant serviront au bénéfice ou à la culture de la terre, ainsi que les travaux à exécuter.

Art. 9.

Le Comice ne présentera à la Banque que des demandes dignes d'être prises en considération; il y joindra ses appréciations. Préférence sera donnée à celles qu'appuyeraient deux sociétaires du Comice, et la Banque délibérera sur l'admission partielle ou totale de la demande par son comité d'escompte, donnant toujours préférence aux demandes des plus petites sommes et à celles révélant les besoins les plus pressants.

Art. 10.

La demande agréée, le postulant signe un effet pour le capital et les intérêts de faveur; il reçoit en échange un bon de caisse à vue, au nom du Comice, pour le capital. Il laisse à la Banque un second effet pour la différence entre l'intérêt de faveur et le 7 0[0; ce billet aurait effet comme toute valeur, sans exception, sur la simple déclaration du Comice que le capital prêté n'a pas été employé à l'objet en vue duquel il a été avancé.

Art. 11.

La Banque avise de l'opération le Comice, qui se charge des paiements au moyen de chèques sur la Banque, payables aux vendeurs des marchandises, et s'il s'agit de travaux, même directement à l'emprunteur.

Art. 12.

Si le postulant n'est pas sociétaire de la Banque, les effets doivent être avalisés par un actionnaire qu'aura agréé le comité d'escompte.

Art. 13.

Le Comice pourra s'enquérir à la Banque des motifs de refus d'une demande présentée par lui.

Art. 14.

Le présent contrat aura la durée d'une année, sauf modifications éventuelles admises réciproquement ; il pourra être renouvelé pour les années suivantes.

STATUTS

D'UNE

CAISSE RURALE ITALIENNE [1]

SOCIÉTÉ COOPÉRATIVE EN NOM COLLECTIF ET A SOLIDARITÉ

Constitution, but, durée de la Société.

ART. 1.

Les personnes ci-contre indiquées déclarent par le présent acte, qui aura son effet à partir d'aujourd'hui, fonder une société collective sous le nom de *Caisse rurale de prêts de...*, société coopérative en nom collectif.

Cette société aura son siège à ...

ART. 2.

La société a pour but d'améliorer la condition morale et matérielle de ses sociétaires, en leur fournissant, selon le mode déterminé par le présent statut, l'argent nécessaire à améliorer leur économie.

La société s'en procure les moyens, en contractant des prêts garantis solidairement, et en acceptant en dépôt avec intérêt l'argent des sociétaires et des tiers.

---

(1) Caisse Rurale de Prêts d'Abano.

Art. 3.

La société est constituée pour la durée de 99 ans à partir de ce jour, avec faculté de proroger sa durée.

Comment l'on devient ou l'on cesse d'être sociétaire.

Art. 4.

Seules les personnes juridiquement capables, et qui offrent la garantie de leur honnêteté et de leur moralité individuelle, peuvent faire partie de la société. Elles ne doivent appartenir à aucune autre société à responsabilité illimitée ayant le même but. Elles doivent être de la commune d'Abano, et comme telles, être portées sur les registres civils, ou y avoir un domicile fréquent par de continuelles relations d'affaires.

Il est nécessaire de savoir au moins donner sa signature.

Les demandes d'admission, signées par le postulant, doivent être adressées au conseil d'administration, auquel il appartient de les agréer ou de les refuser selon son appréciation ; contre cette décision est admis le recours à la commission du syndicat.

Art. 5.

Le décès, la démission, l'exclusion ou la cessation de résidence, domicile ou relation d'affaires dans la commune, font perdre le titre de sociétaire.

Sera toujours exclu de la société l'individu qui s'est laissé poursuivre en justice pour des prêts contractés avec la susdite, ou si pour tout autre motif il se rend indigne d'en faire partie.

Droits et obligations du sociétaire.

ART. 6.

Les sociétaires ont le droit :

a) de voter aux réunions générales de la société, mais ils ne pourront pas se faire représenter ;

b) d'obtenir, suivant les conditions, des prêts d'argent ;

e) de placer des fonds à intérêts à la caisse sociale ;

d) de surveiller et contrôler l'usage des capitaux déposés par les autres sociétaires.

ART. 7.

Les sociétaires ont le devoir :

a) de garantir sur leurs propriétés, et solidairement en parties égales entre eux, les prêts passifs contractés par la société vis-à-vis de tiers, ou toute autre obligation;

b) d'observer le statut et les règlements de la société et de favoriser sous tous les rapports les intérêts de la susdite, même par le contrôle dont il est question à l'article précédent ;

c) d'assister aux réunions de la société, et d'aider par tous les moyens en leur pouvoir l'action de tout représentant social.

ART. 8.

A cause des obligations contractées par la société jusqu'au jour où le sociétaire cesse définitivement d'en posséder le titre, ce dernier et ses héritiers restent liés vis-à-vis des tiers pour deux ans, et cela selon les dispositions de l'art. 227 du Code de commerce.

Organes de la Société.

ART. 9.

Les organes de la société sont :

1° l'assemblée générale des sociétaires ;
2° le conseil d'administration ;
3° la commission du syndicat ;
4° le comptable.

Toutes les fonctions sont honorifiques et gratuites.

Au seul comptable une rétribution pourra être accordée.

Assemblée des sociétaires.

ART. 10.

L'assemblée générale des sociétaires, qui dans toute circonstance doit être convoquée à ..., se compose des membres de la société, et elle en exerce tous les droits.

Les assemblées ordinaires ont lieu deux fois par an, au printemps et en automne ; la première dans les trois mois qui suivent la clôture de l'exercice arrêté au 31 décembre de chaque année.

Les assemblées extraordinaires ont lieu sur la demande du conseil d'administration, ou de la commission du syndicat, ou du cinquième des sociétaires, faite par écrit, indiquant le but et les motifs, et adressée à l'administration.

La convocation sera affichée au péristyle de la Maison Commune. Elle indiquera les questions à traiter, avec l'invitation personnelle aux sociétaires.

Entre la convocation et l'assemblée, il y aura un intervalle non inférieur à trois jours et non au delà de dix jours.

Les délibérations sont obligatoires pour tous les sociétaires si elles sont prises à la majorité des présents. A voix égales, la proposition est considérée comme refusée.

Art. 11.

L'assemblée générale vérifie l'exercice tout entier. Dans la réunion du printemps, elle approuve les comptes et le bilan, élit les membres du conseil d'administration et de la commission du syndicat, nomme le comptable et détermine le maximum des prêts passifs que le conseil peut contracter au nom et pour le compte de la société, ainsi que le maximum du crédit qu'elle peut accorder aux sociétaires. Elle fixe le taux d'intérêt que les sociétaires doivent payer pour les prêts à leur accorder, toujours sans aucun courtage, détermine la rétribution affectée au comptable, ainsi que les amendes à retenir aux sociétaires non présents à l'assemblée.

Conseil d'administration.

Art. 12.

Le conseil d'administration est composé d'un président, d'un vice-président, et de trois conseillers élus séparément par l'assemblée des sociétaires à la majorité des voix et par ballottage dans le cas de voix égales.

Ils restent trois années en fonction, et sont rééligibles.

Dans l'un des cas prévus par l'art. 5, et qui pourraient se produire pendant les trois années relativement à quelque membre du conseil, la commission du syndicat nomme un suppléant qui reste en fonctions jusqu'à la plus prochaine assemblée générale qui précède le choix définitif.

Si il y a absence temporaire, la substitution est aussi temporaire.

Art. 13.

Judiciairement ou extrajudiciairement, la société est représentée par le conseil d'administration, ou par qui en exerce les fonctions.

Art. 14.

La signature des actes et documents a force et valeur obligatoire pour la société, si elle est donnée par le président, ou son délégué, ou le vice-président et deux conseillers.

Art. 15.

Le président convoque et préside les réunions du conseil d'administration et de l'assemblée générale, à laquelle il rend compte de la situation de la société.

Art. 16.

Le conseil d'administration se réunit en séance régulière au moins une fois par mois. Ses délibérations sont valables, si elles sont admises par trois de ses membres, et dans le cas de voix égales, l'opinion du président aura la prépondérance.

Art. 17.

Le conseil enregistre les délibérations dans un livre

spécial, conformément aux statuts, et aux décisions des assemblées générales.

Il emprunte (dans la limite fixée par l'assemblée et selon les besoins de la société) au nom et pour le compte de la susdite.

Il délibère sur les recettes et dépenses, surveille la caisse et la tenue des comptes et des livres, et s'occupe du placement des fonds qui restent en caisse de la manière la plus opportune et la plus productive.

Il présente à l'assemblée, dans les trois premiers mois de l'année, le bilan du précédent exercice.

Il décide sur les pénalités infligées aux sociétaires pour leurs absences aux réunions.

Art. 18.

Un membre du conseil doit s'abstenir d'assister à la réunion s'il s'agit de son intérêt particulier, et la délibération du conseil doit être soumise au vote de la commission du syndicat.

Art 19.

Pour les affaires sociales, la responsabilité des membres du conseil d'administration est égale à celle des autres sociétaires, nonobstant leurs fonctions d'administrateurs. Ils sont exonérés de toute caution.

Commission des syndics.

Art. 20.

La commission des syndics est composée d'un syndic-chef et de quatre syndics choisis et renouvelés selon les règles adoptées pour la nomination des membres du conseil d'administration. Ils restent en fonctions pendant trois années.

En cas d'absence d'un syndic, la commission est complétée par l'élection d'un sociétaire qui en exerce les fonctions jusqu'à la prochaine réunion précédant l'élection définitive.

C'est le syndic-chef, ou son remplaçant, qui représente la commission.

Pour la validité des délibérations, on suivra les règles adoptées pour le conseil d'administration.

Art. 21.

La commission du syndicat doit veiller à ce que l'administration se conforme aux dispositions du statut et des lois en vigueur, et à ce que les délibérations soient exécutées.

Elle a le droit de vérifier à son gré les livres et la caisse. A cet effet elle doit se réunir au moins quatre fois dans l'année, faisant mention dans le procès-verbal de ses observations, et prenant les mesures nécessaires pour le recouvrement immédiat des créances qu'elle jugera douteuses.

Si un membre du conseil ou le comptable n'obtempéraient pas aux prescriptions du statut au détriment de la société, la commission prendra les mesures pour la circonstance ; elle pourra les suspendre de leurs fonctions, convoquant immédiatement l'assemblée pour lui soumettre le cas.

S'il s'agit d'une accusation contre le conseil, elle a la faculté de réunir et présider l'assemblée générale et de représenter la société dans toute action judiciaire.

C'est à elle qu'appartient d'approuver, avec les modifications qu'elle jugera opportunes, le règlement intérieur et les mesures générales du service que lui soumet le conseil d'administration ; à elle de juger sur les appels contre les délibérations du dit conseil, et sur les autorisations que ce dernier peut demander pour l'action à exercer en justice, et pour lesquelles (sauf les paiements des prêts) le même conseil doit lui faire requête.

Comptable.

Art. 22.

Élu par l'assemblée des sociétaires, il est responsable de la tenue des livres de la société et de tout papier de valeur, reçu de créances ou d'argent, que le conseil trouverait convenable de lui confier. Il doit en outre exécuter les délibérations du conseil, encaisser et verser, recevoir les demandes des sociétaires, rédiger et présenter dans le mois de janvier de chaque année le bilan de l'année précédente avec les pièces justificatives.

Il peut être appelé à donner des renseignements dans les réunions du conseil d'administration ; mais jamais il ne doit assister à celles de la commission du syndicat.

Il doit fournir un cautionnement, si l'assemblée ne l'exonère de cette obligation.

Règles d'administration.

Art. 23.

Dans le bilan, les crédits doivent être détaillés selon leur différente catégorie. On doit éliminer ceux qui sont définitivement irrecouvrables, et calculer les douteux selon leur valeur probable. Les intérêts actifs et passifs doivent être comptés jusqu'à la fin de l'année, quoique exigibles postérieurement.

Art. 24.

Les moyens financiers de la société sont constitués par les prêts passifs qu'elle contracte, et dans lesquels sont compris les fonds déposés chez elle par l'épargne.

On y ajoute les bénéfices, le produit des amendes, et tout autre revenu éventuel. Le tout réuni sert à accorder des prêts aux sociétaires, et à faire face aux frais et aux pertes de la société, et en dernier lieu, à des œuvres d'utilité publique.

Art. 25.

La société s'interdit toute opération aléatoire ; elle n'accorde des prêts qu'aux sociétaires ; elle place à intérêt dans une caisse d'épargne ou une banque voisine, et à défaut chez un banquier particulier solide, les seuls capitaux disponibles.

Art. 26.

Le conseil d'administration accorde des prêts aux sociétaires dans la limite déterminée par l'assemblée générale, savoir :

a) à courte échéance, jusqu'à une année par des prorogations trimestrielles, et sans que le sociétaire débiteur soit obligé de payer une partie du capital à l'acte de prorogation ;

le conseil d'administration n'accordera pas cette prorogation, dans les cas prévus par l'art. 27 ;

(b) à longue échéance jusqu'a trois ans.

Le conseil d'administration déterminera par l'acte

la mesure de la quotité annuelle à rembourser, qui pourra être même d'un chiffre différent.

Dans des opérations de cette sorte, la société se réserve le droit d'exiger le payement intégral du prêt sans tenir aucun compte de l'échéance convenue, lorsque se vérifient les cas mentionnés par l'art. 27.

Il est facultatif au débiteur de devancer le payement de la quotité partielle ou de la totalité du capital.

Art. 27.

Les cas dont il est question dans l'article précédent sont les suivants :

a) si les prêts passifs contractés par la société sont dénoncés en bloc ;

b) si le sociétaire débiteur ou son garant se trouvent dans des circonstances de nature à rendre douteuse la sécurité du prêt, ou si les garanties réelles fournies précédemment deviennent insuffisantes, ou enfin à défaut d'une garantie ultérieure suffisante réelle ou personnelle.

Art. 28.

Le bon emploi de chaque prêt accordé doit être autant que possible arrêté d'avance, et ensuite contrôlé.

Chaque demande de prêt faite par un sociétaire doit être motivée.

Si le sociétaire, une fois obtenu le prêt, n'en fait pas l'usage par lui indiqué pour l'obtenir, le conseil d'administration devra, selon les circonstances, exiger au plus tôt la restitution de l'argent prêté, et au besoin éliminer le sociétaire de la société.

Art. 29.

La sécurité des prêts faits par la société doit être de

nature à la mettre à l'abri de toute perte ;en conséquence, les prêts en question seront assurés par une personne qui les garantit, ou par hypothèque ou gage.

Les prêts à courte échéance peuvent être accordés sur la simple signature du sociétaire débiteur, sans autre garantie.

Art 30.

Si le sociétaire postulant est un fermier, il doit au préalable se munir d'une autorisation de son proprié-taire, dans laquelle ce dernier reconnaîtra le crédit de la société, déclarant en outre qu'il ne fera point usage au préjudice de la susdite de la faculté à lui accordée par l'art. 1958 du Code de commerce.

But et destination du capital social.

Art. 31.

Les bénéfices devront être totalement cumulés, et constitueront le patrimoine de la société.

Tout revenu ultérieur doit coopérer à l'augmenter.

D'abord il doit servir à faire face aux pertes éven-tuelles. Une fois arrivé à suffire entièrement au but visé par la société, il appartient à l'assemblée générale d'affecter les bénéfices à des œuvres d'utilité publique.

Art. 32.

Le patrimoine de la société reste sa propriété exclusive.

Les sociétaires n'ont personnellement aucun droit sur ce capital, et ne peuvent en demander le partage.

Si la société venait à se dissoudre, il sera déposé dans un autre établissement reconnu aussi sûr que pour l'argent de pupilles ; les intérêts de ce capital seront dévolus au bénéfice de la Congrégation locale de Charité, ou d'autre institution similaire qui la remplace ; et le capital restera intangible, jusqu'au moment où dans la commune surgirait une nouvelle société ayant le même et identique but, et à laquelle il sera transmis.

Dispositions diverses.

Art. 33.

Pour la dissolution de la société avant le délai fixé par l'art. 3, et pour tout changement relatif au capital social, changement contraire aux dispositions précédentes, ou qui n'aurait pas été prévu, il faudra l'adhésion des trois quarts de la totalité des sociétaires, donnée dans une assemblée régulière.

Art. 34

Les actes de la société seront publiés dans un journal de la ville de . .

Art. 35.

Toute contestation entre sociétaires sur les dispositions du présent statut, ou relativement aux questions qui peuvent concerner la société, sera résolue par l'assemblée générale.

Dispositions transitoires.

Art. 36.

En attendant, restent chargés MM . . . . sociétaires, composant le comité exécutif, d'achever toutes les démarches nécessaires pour l'existence légale de la société, avec l'obligation de convoquer la société dix jours au plus tard après l'accomplissement de toutes les formalités déterminées par le Code de commerce.

Cette convocation aura lieu conformément aux dispositions de l'art. 20, et avec l'ordre du jour que les susdits sociétaires jugeront opportun de rédiger.

Art. 37.

Les présents délèguent M. . . . . . pour la signature des feuilles intercalées.

Du présent acte rédigé par une personne de ma connaissance, et en partie par moi-même, en six feuilles et dont la transcription occupe 23 pages et partie de la 24me, lecture a été donnée aux intéressés en présence des témoins. Après lecture, les intéressés, les témoins et en dernier lieu moi notaire, signent l'acte.

(Voir les signatures à la fin de l'original imprimé.)

... *notaire*

Enregistré à ..., le 3 février 1887.
Reg. 35. N° 1070 des actes publics. — *Gratis*.

STATUTS

D'UNE

Association Allemande de Crédit Coopératif Rural

Système RAIFFEISEN

I. — Fondation et but

Fondation et Siège

§ 1.

Les soussignés forment une association de prêts, sous la dénomination de

« Association de prêt de.....

Association enregistrée

L'Association a son siège à.....

But

§ 2.

L'Association a pour but d'améliorer la situation de ses membres sous le rapport moral et matériel, de prendre les dispositions nécessaires dans ce sens, notamment de se procurer, sous garantie commune, l'argent nécessaire pour consentir des prêts à ses membres, et surtout de recueillir les capitaux inactifs et de les faire valoir.

II. — Des Associés. — Leurs droits et leurs obligations

Dispositions générales; admission des membres

§ 3.

Peuvent être membres de l'Association les habitants de ..... non interdits, jouissant intégralement de leurs droits civiques et ne faisant partie d'aucune autre association de prêts basée sur la solidarité.

L'admission de membres nouveaux est prononcée par le conseil de présidence. En cas de décision négative de celui-ci, l'impétrant peut en appeler au consil d'administration qui décide en dernier ressort dans sa plus proche séance. Les membres admis ont à signer les statuts de l'Association, et acquièrent par là seulement leurs droits d'associés.

Perte du titre d'associé

§ 4.

Le titre d'associé prend fin :

a) par démission ;
b) par expiration du temps ;
c) par la mort ;
d) par l'exclusion ;

La démission et l'expiration du temps doivent être signifiées par écrit au président de l'Association. Récépissé doit en être fourni par celui-ci.

L'exclusion peut être prononcée si les membres ne satisfont pas aux obligations prescrites par les statuts, notamment s'ils sont en retard de plus de six mois dans les versements réglementaires de leurs parts d'intérêts. De même un membre peut être exclu s'il entre en relations d'affaires avec des personnes désignées comme usuriers par le conseil de présidence.

L'exclusion peut avoir lieu à la suite de l'interdiction ou de la perte des droits civiques ; de même, si un membre est entré dans une autre association de prêts basée sur la solidarité et refuse de s'en retirer, s'il est reconnu insolvable , s'il agit contre les règlements ou les intérêts de l'Association, s'il donne lieu à des poursuites judiciaires en remboursement des prêts qui lui ont été consentis.

L'exclusion est prononcée par le conseil de présidence. Il peut en être appelé dans le délai de trois mois au conseil d'administration. L'exclusion est notifiée par le président à l'intéressé, par écrit et avec indication des motifs. L'associé perd ses droits trois mois après la décision du conseil de présidence, ou, en cas d'appel, au conseil d'administration, avec la décision de celui-ci.

En cas de mort d'un associé, ses droits passent à sa veuve, si celle-ci le demande. Elle a en ce cas à signer les statuts.

Droits des Membres

§ 5.

Les membres ont le droit :

a) De prendre part aux séances de l'assemblée générale de l'Association, et d'y voter ;

Ce droit cesse : pour les membres se retirant à partir du jour de leur démission ou de l'échéance du temps pour lequel ils se sont inscrits ; pour les membres exclus à partir du jour de la décision du conseil de présidence. Le droit de vote doit être exercé personnellement et ne peut être transmis. Les membres du sexe féminin ne prennent pas part aux assemblées ; ils n'ont par suite pas droit de vote ;

b) De faire des emprunts à la caisse de l'Association dans la mesure des moyens de celle-ci et d'après les règlements des présents statuts ; de déposer à cette caisse contre paiement d'un intérêt leurs capitaux disponibles, autant que celle-ci en peut faire application. Les épargnes des habitants peu aisés doivent être acceptées de préférence.

Obligations des Membres

§ 6.

Les membres sont obligés, dans la mesure prescrite par la loi allemande sur les associations :

a) de répondre solidairement et sur tout leur avoir vis-à-vis des tiers pour les emprunts et autres engagements de l'Association ;

b) de verser à la caisse de l'Association la part d'intérêt fixée ;

c) de respecter les statuts de l'Association et de veiller sous tous rapports aux intérêts de l'Association.

Les associés se retirant ou exclus, de même que les héritiers des membres décédés, restent responsables vis à-vis des créanciers de l'Association pour tous les engagements pris par celle-ci antérieurement à leur retrait jusqu'à l'extinction du délai légal.

III. — **Administration de l'Association**

Organes

§ 7.

L'Association s'administre par :
le conseil de présidence ;
le conseil d'administration ;
l'assemblée générale ;
le comptable.

Conseil de présidence

Composition

§ 8.

Le conseil de présidence se compose du président, de son représentant, et de. ... assesseurs, en tout .. membres. Ils doivent être choisis dans le district de l'Association, de façon à avoir les connaissances les plus précises qu'il est possible sur la situation des habitants.

Il est nommé pour quatre ans..... membres en sont renouvelés tous les deux ans. Les premiers sortants sont désignés par le sort.

Remplacements

§ 9.

Lorsque un ou plusieurs des membres se retirent ou sont dans l'impossibilité de siéger, le conseil d'administration peut nommer des remplaçants jusqu'à la

session suivante de l'assemblée générale, en laquelle
ont lieu les élections de remplacement.

Légitimation. — Signature

§ 10.

La légitimation du conseil de présidence est faite
par le procès-verbal de l'assemblée générale. Les membres doivent déclarer personnellement leur élection au
tribunal chargé de l'enregistrement des associations, et
donner devant lui leurs signatures ou les lui faire par-
venir par acte notarié.

La signature de l'Association est constituée par les
signatures du conseil de présidence ajoutée à la raison
sociale. Cette signature, exception faite des cas ci-des-
sous, n'est valable que si elle est donnée par le président ou son représentant assisté d'au moins deux membres. En cas de restitution partielle ou totale de prêts,
de même que pour quittances sur livrets d'épargne de
dépôts au-dessous de 500 marks, il suffit de la signature du président ou de son représentant assisté d'un
membre au moins pour qu'elle soit légalement valable.

*Compétence du conseil de présidence. —Représentation
par lui de l'Association*

§ 11.

L'Association est représentée par le conseil de présidence vis-à-vis des tribunaux et des tiers. Cette représentation est réglementée par la loi sur les associations.
Dans les procès, de même qu'auprès de la Banque
Centrale Agricole au cas où l'Association en devient
actionnaire, chaque membre du conseil de présidence

peut valablement représenter l'Association, de par les statuts mêmes et sans autre légitimation que le procès-verbal de son élection. Cette représentation s'effectue en première ligne par le président ou par son représentant, et, si tous deux en sont empêchés, par un autre membre désigné par le conseil de présidence.

Le représentant peut exercer vis à-vis de la Banque Centrale Agricole tous les droits que possède l'Association comme actionnaire.

Si l'Association veut se faire représenter dans les séances de l'assemblée générale de la Banque Centrale Agricole, elle peut donner procuration dans les formes prescrites par le § 10.

Convocations

§ 12.

Il n'y a pas lieu d'envoyer des convocations aux séances réglementaires du conseil de présidence. Les convocations aux autres séances sont faites par le président de l'Association. Elles doivent porter indication de l'objet de la séance.

Séances et Décisions

§ 13.

Le conseil de présidence doit s'assembler au moins une fois par mois pour statuer sur les prêts demandés. Il doit de plus s'assembler aussi souvent que les affaires le nécessitent. La demande écrite de deux membres du conseil de présidence, ou celle de deux membres du conseil d'administration transmise par leur président, et portant indication des motifs, suffit pour rendre obligatoire une réunion du conseil de présidence.

Toute séance du conseil de présidence a capacité de décision si plus de la moitié des membres, dont le président ou son représentant, sont présents.

Les décisions du conseil de présidence sont valables si elles ont été votées en séance régulière par plus de la moitié des membres. En cas d'égalité des voix, celle du président est décisive.

Obligations spéciales du conseil de présidence

§ 14.

Le conseil de présidence doit :

a) observer et exécuter toutes les dispositions des statuts de l'Association, toutes les prescriptions de la loi sur les associations, les modifications à venir ou compléments à celle-ci, les décisions régulièrement prises par l'assemblée générale ou le conseil d'administration, et les instructions qui lui sont données par celui-ci. Il est en cela responsable devant l'Association ;

b) se tenir, relativement aux emprunts à faire pour l'Association, dans les limites fixées par l'assemblée générale, payer les intérêts de ces emprunts, fixer le taux de l'intérêt pour les dépôts de caisse d'épargne, et exécuter les actes engageant l'Association ;

c) décider sur l'acceptation ou l'exclusion des membres, sur toutes recettes ou dépenses, sur le consentement de prêts à des membres, et veiller à l'exactitude des remboursements ;

d) demander l'adhésion préalable du conseil d'administration pour l'achat de meubles et immeubles, pour tout contrat à conclure au nom de l'Association, et pour les procès, étant exceptées les poursuites en recouvrement contre les membres, cas pour lequel aucune autorisation n'est nécessaire ;

e) surveiller la caisse et la comptabilité, et veiller au placement sûr et profitable des excédents de recettes;

f) examiner chaque année, avant le 20 avril, le bilan et la comptabilité de l'année écoulée ;

g) décider sur les restitutious de dépenses brutes aux associés.

Obligations du président de l'Association.

§ 15.

Le président de l'Association a, d'après instruction, à exécuter et surveiller les affaires concernant l'Association, et spécialement à :

a) signer la correspondance de l'Association, et garder le sceau de l'Association ;

b) veiller à ce que tout changement, même partiel, dans le personnel du conseil de présidence et tout changement de statuts soit annoncé, d'après la prescription de la loi, au tribunal chargé de la tenue du registre des associations. De plus, il a à fournir à ladite autorité la liste des membres de l'Association, et à publier, dans le courant des six premiers mois de chaque année, le bilan de l'année écoulée ;

c) surveiller spécialement la caisse et la comptabilité; délivrer à la suite des décisions du conseil de présidence les autorisations au comptable ; faire les arrêtés de caisse et dresser le bilan avec le comptable. Sur la proposition du président, le conseil de présidence peut charger un autre de ses membres du contrôle de la caisse, qui cependant, dans ce cas aussi, doit avoir lieu sous la haute direction du président ;

d) envoyer les convocations aux séances du conseil de présidence et à l'assemblée générale (étant exceptés les cas prévus par les §§ 17 et 20 *b*), et présenter les propositions à lui parvenues en application des §§ 13 et 20 *a* ;

e) présider les séances du conseil de présidence et l'assemblée générale, sauf les cas prévus par les §§ 17 et 20 *c* ;

f) rendre compte à l'assemblée générale, dans sa séance régulière de printemps, de la situation de l'Association.

Conseil d'administration

Composition.   Remplacement

§ 16.

Le conseil d'administration se compose du président de l'Association, de son représentant, et de .... membres Ces membres doivent être choisis de façon à connaître le plus exactement possible la situation des habitants du district. Le nombre peut en être élevé par l'assemblée générale. Il doit être divisible par trois.

Les membres en sont élus pour trois ans. Le conseil se renouvelle par tiers en trois ans. Le sort décide des membres sortants les deux premières années. En cas de démission, le conseil d'administration doit se compléter par choix entre les associés jusqu'à la séance de l'assemblée générale, en laquelle ont lieu les élections complémentaires.

Obligations générales

§ 17.

Le conseil d'administration doit veiller au maintien des intérêts de l'Association, à la régularité de sa direction, et à l'exécution des décisions de l'assemblée générale.

Il a le droit d'examiner à tout instant les actes et les livres. Il peut réclamer la vérification de la caisse. S'il s'aperçoit qu'un membre du conseil de présidence, qu'un des associés ou que le comptable n'observe pas les prescriptions de la loi ou les statuts et décisions de l'Association, ou bien qu'il porte atteinte en quelque autre manière aux intérêts de celle-ci, il a le droit de prendre toutes les mesures qui lui paraissent nécessaires à la sauvegarde desdits intérêts. Il a compétence pour exclure de leurs fonctions les membres du conseil de présidence ou le comptable. Il doit en ce cas provoquer immédiatement une assemblée générale et lui soumettre le compte-rendu des dommages causés. Dans la formule de cette convocation, le président du conseil d'administration se substitue au président de l'Association. Il préside, en sa place, l'assemblée générale.

Sa légitimation est réalisée par le procès-verbal de la réunion en laquelle il a été élu. En cas de procès contre le conseil de présidence, la plainte est portée par le président du conseil d'administration ou son représentant ; au cas où tous deux en sont empêchés, le conseil élit un de ses membres à cet effet.

Obligations spéciales.

§ 18.

Le conseil d'administration a plus spécialement l'obligation de :

a) rédiger l'instruction imposée au conseil de présidence et au comptable ; en cas d'empêchement prolongé de membres du conseil de présidence, pourvoir à leur remplacement ;

b) contresigner l'arrêté de la caisse et le bilan avant le 1ᵉʳ mai ;

c) fixer l'intérêt à payer chaque année pour les parts d'affaires ;

d) autoriser le conseil de présidence à agir en cas de procès ; représenter l'Association en cas de procès contre celui-ci ;

e) sur proposition du conseil de présidence, statuer sur l'achat de meubles ou immeubles et le consentement de prêts dont le montant s'élève au dessus de .... et pour une durée de plus de dix années ;

f) statuer sur les plaintes à la suite de refus d'admission ou exclusion de l'Association, ou sur celles relatives au refus de prêts par le conseil de présidence ;

g) se réunir en séance ordinaire au moins quatre fois par an, et en séance extraordinaire au moins une fois, pour la vérification de la caisse et sur la demande du président dans les cas prévus par le § 12. Dans les vérifications de caisse, le conseil d'administration a particulièrement à constater :

1° si l'encaisse accusé par l'arrêté du journal se trouve en totalité et en espèces dans la caisse de l'Association ;

2° si les membres admis par le conseil de présidence ont dûment signé les statuts ;

3° si les procès-verbaux des démissions et exclusions ont été dressés ;

4° si les déclarations de changements dans le conseil de présidence ou les statuts et la liste des associés ont été remises en temps et lieu au tribunal compétent ;

5° si les procès-verbaux du conseil de présidence sur

les autorisations de recettes et de dépenses ont été régulièrement dressés et signés ; si les décisions du conseil de présidence concordent avec les autorisations parvenues au comptable et les inscriptions au journal, et si les diverses dépenses sont régulièrement acquittées ;

6° si les arrêtés de caisse sont régulièrement faits par le président et le comptable;

7° si le taux fixé par l'assemblée générale pour les emprunts n'a pas été dépassé ;

8° si les crédits accordés sont restés dans les limites fixées par l'assemblée générale, si les remboursements de prêts ont eu lieu exactement, si les crédits en compte-courant n'ont pas été dépassés ou irrégulièrement employés par suite de remboursements insuffisants ;

9° si les créances sont régulièrement rédigées, signées des débiteurs et de leurs cautions, et si elles offrent toutes les garanties nécessaires ;

10° particulièrement si les papiers déposés en cautionnement représentent une valeur suffisante ;

11° si les encaisses ne s'élèvent pas trop haut, et sont placés en temps voulu d'une manière sûre et profitable ;

12° si la caution ou le cautionnement des comptables est réel et suffisant.

De plus, le conseil d'administration a l'obligation :

h) de dresser procès-verbal de la révision en indiquant les défauts ou manques éventuels;

i) de procéder au recouvrement immédiat des créances compromises.

Le président du conseil d'administration est responsable devant l'Association de l'exécution des précédentes obligations, et principalement de l'exactitude des invitations aux séances dudit conseil. En cas de nécessité, il a le droit d'exclure du conseil d'administration les membres en défaut et de provoquer des élections pour les remplacer.

Séances et décisions

§ 19.

Les réunions ordinaires du conseil d'administration sont fixées par l'assemblée générale. En outre, il doit se rassembler toutes les fois que les affaires le nécessitent, et toutes les fois que trois au moins de ses membres ou le conseil de présidence le réclament par demande écrite et motivée adressée au président du conseil d'administration.

Le conseil d'administration est compétent si plus de la moitié de ses membres, dont le président ou son représentant, sont présents. Ses décisions sont valables si elles ont été votées par la majorité absolue de ses membres. En cas d'égalité, la voix du président est prépondérante.

Assemblée générale

§ 20.

Les membres masculins de l'Association constituent l'assemblée générale. Elle a tous les droits de l'Association elle-même.

Séances

Les séances ordinaires de l'assemblée générale ont lieu au moins deux fois par an, au printemps et à l'automne. Des séances extraordinaires ont lieu aussi souvent que le conseil d'administration ou un dixième au moins des associés électeurs le réclame. La demande en doit être écrite, motivée et adressée au président de l'Association.

Convocations

Les convocations sont faites par écrit par le président de l'Association. Elles portent indication de l'objet de la réunion. Par décision de l'assemblée générale, il peut être établi que les convocations auront lieu par voie de la presse ou autre mode habituel au pays. Les convocations aux séances régulières doivent être faites aux dates fixées par l'assemblée générale, celles aux séances extraordinaires dans les cinq jours qui en suivent la demande. L'intervalle entre la convocation et la réunion est au moins de trois jours et au plus de dix.

S'il s'agit d'un changement des statuts, cet intervalle est de huit jours au moins et de quatorze au plus. En cas de dissolution de l'Association, cet intervalle est au moins de quatre semaines et au plus de six. Si la convocation n'est pas faite à temps par le président ou son représentant, le président du conseil d'administration ou son représentant, tout membre du conseil de présidence ou du conseil d'administration a le droit d'y pourvoir. La convocation peut aussi être faite en ce cas par un membre quelconque de l'Association, s'il en est chargé par un dixième au moins des associés.

Présidence

La présidence des séances de l'assemblée générale est tenue par le président de l'Association ou son représentant. En cas d'empêchement de l'un et de l'autre, ou dans les cas prévus par le § 17, elle est tenue par le président du conseil d'administration ou son représentant. L'assemblée générale conserve en outre toujours le droit de confier la présidence de la séance à tout autre associé.

Validité des décisions

Excepté les cas prévus par les §§ 37 et 38, l'assemblée générale est compétente lorsque trois membres au moins sont présents, si les convocations ont été faites régulièrement. Les décisions engagent la collectivité des associés lorsqu'elles sont votées par la majorité absolue des membres présents (les cas prévus par les §§ 37 et 38 exceptés) En cas d'égalité, la voix du président est décisive.

Les associés en cause dans une affaire n'ont pas le droit de vote en cette affaire, et ne peuvent assister à la délibération dont elle est l'objet.

Elections

§ 21.

L'assemblée générale élit dans sa séance ordinaire de printemps :

a) le président ;

b) son représentant et les autres membres sortants du conseil de présidence ;

c) le comptable ;

d) le président du conseil d'administration, son représentant et autres membres sortants du même conseil.

L'élection se fait à la majorité absolue. Si la majorité absolue n'est pas obtenue, il se fait un second tour de scrutin à la majorité relative.

En cas d'égalité, le sort décide.

Les membres sortants sont rééligibles.

Les élections complémentaires ont lieu dans une

séance quelconque de l'assemblée générale. Les membres élus complémentairement sortent à l'époque où seraient sortis ceux qu'ils remplacent.

Compétence

§ 22.

L'assemblée générale a pour but :

a) de régler toutes les affaires sociales, de surveiller le conseil d'administration, de fixer les époques des réunions de celui-ci, de prendre toutes mesures qu'elle croit nécessaires dans l'intérêt de l'Association ;

b) de statuer sur l'acceptation des comptes du conseil de présidence et du comptable. Cette acceptation doit être faite dans chaque séance de printemps ;

c) de fixer le maximum du chiffre d'affaires, le minimum des dépôts, le taux de l'intérêt et de la provision à payer pour les prêts ;

d) de fixer le maximum de crédit qui peut être accordé aux associés en prêt ou compte-courant, la date des échéances et la fraction minimum du crédit en compte-courant qui doit être versée chaque année ;

e) de fixer la gratification du comptable ;

f) de fixer l'amende à imposer aux membres qui, sans raison valable, n'assistent pas aux séances de l'assemblée générale ;

g) de décider dans les contestations relatives aux statuts ou aux affaires, et sur la valeur des plaintes portées par les associés ou l'un quelconque des organes d'administration.

Vote

§ 23.

Le vote se fait par assis et levés, ou à mains levées, ou

par appel nominal. Il doit se faire à bulletin secret si un quart au moins de l'assemblée le réclame.

Le dépouillement du scrutin est fait par deux assesseurs nommés par le président.

Comptable. Comptabilité. Obligations du comptable

§ 24.

La comptabilité et la tenue des livres est faite par un comptable élu pour.... Il est le chargé d'affaires de l'Association. Comme tel il a :

a) à exécuter les décisions du conseil de présidence concernant la caisse ; à effectuer les recettes et les dépenses d'après les autorisations délivrées par le président après décision du conseil de présidence ; à tenir les livres ; à garder l'encaisse, les valeurs-papiers et les actes ; à accuser réception des créances et quittances dressées par le conseil d'administration ;

b) à arrêter les livres en fin d'année, et à remettre au président, avant le 10 avril, une double copie de l'arrêté des écritures et du bilan de l'année précédente.

Cautionnement du comptable

§ 25.

Le comptable ne peut être membre du conseil de présidence ni du conseil d'administration. Il peut être convoqué aux séances du conseil de présidence comme membre consultant. Il est responsable devant l'Association des espèces et de l'exactitude dans la conduite des affaires. Il doit fournir un cautionnement ou des cautions qui donnent une garantie en cas de déficit constaté dans la caisse. Le cautionnement ou les cautions doivent être agréés par l'assemblée générale.

Bilan

§ 26.

Le bilan doit être dressé d'après les principes de la comptabilité commerciale, c'est-à-dire se composer d'un relevé sommaire comprenant :

1° l'Actif, c'est-à-dire :

a) l'encaisse espèces en fin d'année ;

b) le montant des valeurs-papiers d'après le cours au 31 décembre ;

c) les créances, classées par ordre, avec exclusion des créances gravement compromises ;

d) le montant des intérêts à échoir dans le courant de l'année suivante ,

e) la valeur des biens meubles (déduction faite d'une prime d'amortissement ;

f) la valeur des biens immeubles (déduction faite d'une prime d'amortissement) ,

g) la perte accusée par le bilan de l'année précédente ;

2° Le Passif, c'est à-dire :

a) le bénéfice accusé par le bilan de l'année précédente ;

b) les dettes d'affaires classées par ordre, sans tenir compte de l'époque de leur échéance ;

c) les parts d'affaires des associés ;

d) le capital social.

Administration en général

Gratification aux fonctionnaires. Procés-verbaux. Rapporteurs

§ 27.

Les membres du conseil de présidence et du conseil

d'administration exercent gratuitement leurs fonctions. Les dépenses qu'ils font pour le compte de l'Association leur sont remboursées.

Le comptable reçoit une gratification fixée par l'assemblée générale. Elle ne doit, sous aucun prétexte, être proportionnelle au chiffre d'affaires. Le comptable ne doit pas non plus être intéressé dans les affaires.

Le conseil de présidence, le conseil d'administration et l'assemblée générale doivent chacun tenir un livre des procès-verbaux de leurs délibérations. Les procès-verbaux du conseil de présidence et du conseil d'administration sont signés après lecture et acceptation par les membres desdits conseils ayant pris part aux délibérations ; les procès-verbaux de l'assemblée générale sont signés par les membres présents du conseil de présidence et du conseil d'administration, ainsi que par les rapporteurs.

Dans les séances du conseil de présidence, du conseil d'administration, et de l'assemblée générale, les rapporteurs sont désignés par les présidents de ces séances.

IV. — Moyens d'action de l'Association.

Leur provenance. — Leur emploi.— Rôle de l'Association. — Provenance et emploi des moyens d'action de l'Association en général.

§ 28.

Le capital d'affaires est constitué par les parts d'affaires des associés et par des emprunts ; les emprunts peuvent être couverts par des personnes étrangères à l'Association. Le capital est employé à consentir des prêts contre intérêts aux associés et à acquérir des procès-verbaux de vente. Les bénéfices servent à couvrir les frais, à payer les intérêts des parts d'affaires, et à constituer un patrimoine social.

Parts d'affaires. — Dividendes

§ 29.

Chaque associé est tenu de souscrire une part d'affaire de..... marks. Il ne peut en acquérir plus d'une. Le versement peut en être fait mensuellement par fractions de..... marks au moins.

Les parts d'affaires sont la propriété des associés. En cas de liquidation, ceux-ci sont considérés comme créanciers de l'Association, mais ne peuvent se préva-loir de leur créance qu'en dernier rang, après que tous les autres créanciers de l'Association ont été satisfaits.

Tant que l'associé reste membre de l'Association, sa part d'affaires ne peut être ni retirée, ni transmise, ni donnée en gage, ni saisie par les créanciers de l'associé. Les parts d'affaires servent, en cas de liquidation, à remplir les engagements de l'Association dans le cas où le capital social n'est pas suffisant.

Les membres qui se sont retirés de l'Association ont droit à restitution de leurs parts d'affaires. Cette resti-tution a lieu dans les six mois qui suivent la perte du titre d'associé.

Les dividendes produits par la fraction versée de la part d'affaires sont accumulés et ajoutés à celle-ci jusqu'à complète libération. Les membres qui se retirent ou sont exclus de l'Association n'ont pas droit aux dividendes pour l'année courante. Le taux de ces dividendes ne doit pas dépasser celui de l'intérêt payé pour les emprunts. Les dividendes qui ne sont point retirés dans un délai de quatre ans à partir de leur échéance deviennent propriété de l'Association et sont attribués au patrimoine social.

L'assemblée générale peut décider qu'il n'y aura pas lieu à paiement de dividende.

Interdiction des affaires hasardées

§ 30

Toute affaire présentant un danger quelconque est expressément interdite, et ne doit être acceptée par aucun des organes de l'administration.

Prêts

§ 31.

Les prêts ne peuvent être accordés qu'à des membres de l'Association. et dans les limites fixées par l'assemblée générale. Ils sont accordés par le conseil de présidence. Ils ont lieu :

a) au délai d'un an au moins; sur demande du débiteur, le délai peut être prolongé jusqu'à deux ans au maximum;

b) à un délai supérieur à un an, jusque et y compris dix ans ; ils sont alors remboursables par annuités à termes fixés par l'assemblée générale ;

c) en compte courant.

Des prêts pour une durée supérieure à dix ans peuvent être accordés avec l'autorisation du conseil d'administration. Pour sauvegarder l'Association, le droit de réclamer le remboursement d'un prêt quelconque dans le délai de quatre semaines lui reste réservé.

Avant d'accorder un prêt, la solvabilité et la moralité du postulant doivent être examinées, et le motif de la demande apprécié et contrôlé.

Garanties

§ 32.

On doit, pour les prêts et les comptes courants, s'assurer une garantie étendue, qui mette l'Association hors de tout danger ; cette garantie peut être assurée par caution, par hypothèque ou par cautionnement.

L'hypothèque ne peut pas dépasser la moitié de la valeur du fonds engagé. Les valeurs-papiers données en cautionnement sont estimées d'après le cours du jour. La somme prêtée peut atteindre les deux tiers de cette valeur.

Procès-verbaux de vente

§ 33.

En cas d'acquisition de procès-verbaux de vente, la garantie offerte par le titulaire et ses cautions doit être assez étendue pour offrir la sûreté désirable.

Autres opérations

§ 34.

L'Association doit, par le consentement de prêts et d'avances, faciliter la création de sociétés coopératives de consommation, de vente, de production, etc., et les aider en toutes manières. Ces sociétés coopé-

ratives peuvent être des sous-associations de l'Association de prêt. Les membres de ces sous-associations
sont solidairement responsables devant l'Association.

Les affaires de ces sous-associations doivent être
totalement distinctes de celles de l'Association. Leur
comptabilité doit être tenue à part.

Le conseil de présidence doit, en outre, s'efforcer de
régler les différends entre les membres, et de les défen-
dre dans le cas où tort leur est fait par une tierce personne.

Patrimoine social

§ 35.

Après paiement des dettes de l'Association et des
dividendes, le bénéfice restant doit être accumulé pour
constituer un patrimoine social. Ce patrimoine social
est destiné à couvrir les pertes éventuelles de l'Association. Si ce capital est assez élevé pour que l'Association puisse opérer de ses propres moyens, les intérêts
dudit capital et les bénéfices d'affaires peuvent être
employés dans un but d'intérêt commun et local. La
provision peut aussi être abaissée en ce cas.

Le patrimoine social est et demeure propriété de l'Association. Les associés n'y ont personnellement aucun
droit et n'en peuvent demander le partage. En cas de
dissolution volontaire de l'Association, il sera déposé à
la Banque impériale. Les intérêts sont, en ce cas, accumulés jusqu'à ce qu'une nouvelle Association de prêts,
adoptant les présents statuts, se fonde dans le district ;
et en ce cas, le capital sera immédiatement remis à la
nouvelle Association.

V. — Décisions générales et temporaires

Décisions générales. — Communications

§ 36.

Les communications officielles doivent être signées par le président, et publiées dans.....

Modification des statuts

§ 37.

Les présents statuts peuvent être modifiés par l'assemblée générale dans les conditions suivantes :

a) avec exception des cas prévus par le paragraphe suivant, l'assemblée générale est compétente pour modifier les statuts si plus de la moitié des membres sont présents. Si cette condition n'est pas réalisée, il y a lieu de convoquer une assemblée générale, qui est compétente si trois membres au moins sont préseuts. La convocation doit porter mention du présent paragraphe des statuts ;

b) s'il s'agit de modifier :

le § 27 relatif à la gratuité des fonctions ;

le § 29 relatif aux dividendes ;

le § 35 relatif au patrimoine social ;

le présent § 37 *b* ;

ou le § 38 relatif à la dissolution ;

les décisions ne sont valables que si elles sont votées par tous les membres réunis en séance régulière.

Dissolution de l'Association

§ 38.

L'Association est dissoute si son maintien n'est voté

en séance régulière que par un nombre de membres inférieur à celui nécessaire pour constituer aux termes de la loi une association. Si le maintien est voté par le nombre minimum d'associés exigés par la loi, l'Association est maintenue et constituée par lesdits associés, les autres associés étant considérés comme démissionnaires.

La publication de dissolution et la liquidation se font dans les formes prescrites par la loi relative aux associations.

Décisions temporaires. — Élections dans la première séance de l'assemblée générale.

§ 39.

L'assemblée générale élit dans son assemblée constitutive, par vote public :

a) le président de la séance ;

b) les membres du conseil de présidence, les membres du conseil d'administration, et le comptable.

Il n'y a pas lieu, pour cette première réunion, à l'envoi de convocations dans les formes régulières.

STATUTS

D'UNE

ASSOCIATION COOPÉRATIVE ALLEMANDE DE CRÉDIT

A RESPONSABILITÉ ILLIMITÉE

Système SCHULZE DELITZSCH

(Loi du 1er mai 1889)

Les soussignés se réunissent en société, conformément aux stipulations des statuts ci-après :

Raison sociale. — Siège et but de l'entreprise.

ARTICLE I

La société portera la dénomination de . . . .

société enregistrée, à responsabilité illimitée, et aura son siège à . . . . .

Le but de l'Union est de fournir à ses sociétaires les capitaux nécessaires dans le commerce et dans l'exploitation rurale, en traitant en commun les affaires de banque.

Capital d'exploitation

Art. 2.

Le capital d'exploitation se compose : 1° de l'avoir de l'Union qui est formé par les versements d'entrée et ceux sur les parts sociales, et par les crédits portés sur les bénéfices annuels à l'avoir des affaires et au fonds de réserve ; 2° des capitaux étrangers qui sont acceptés dans le mouvement des affaires.

Organisation et direction des affaires de l'Union. Composition de l'Union.

Art. 3.

L'Union opère avec la participation de tous les sociétaires. Elle a pour organes : 1° la direction ; 2° le conseil de surveillance ; 3° l'assemblée générale.

I. — De la direction.

Formation et élection.

Art. 4.

La direction se compose du directeur, du caissier et du contrôleur, et est élue en assemblée générale sur la proposition du conseil de surveillance, par votes distincts et à la majorité absolue des voix, au moyen de bulletins de vote. — Les membres de la direction ne sont pas élus pour plus de trois années, et pour les nouveaux choix des membres de la direction à faire, la durée de leurs fonctions doit être fixée de telle sorte qu'ils aient à se soumettre l'un après l'autre à un nouveau vote, afin d'éviter le départ simultané de plusieurs membres. — Si le candidat n'obtient pas la majorité, le conseil de surveillance doit, dans la même réunion ou dans la suivante, faire de nouvelles propositions. — La réélection des mêmes personnes, la durée de leurs fonctions expirée, est autorisée. — Les membres de la direction doivent être sociétaires.

Notification des membres de la direction pour l'inscription dans le registre des sociétés.

ART. 5.

Les élections et réélections doivent être communiquées immédiatement au tribunal par la direction personnellement, en remettant une copie du procès-verbal de l'élection ou en adressant un exemplaire légalisé ; en même temps les nouveaux membres élus ont à donner leurs signatures au tribunal ou à les lui adresser sous forme légalisée.

Droits de la direction, et sa gestion des affaires en général.

ART. 6.

La direction représente l'Union judiciairement et extra-judiciairement, avec tous les droits qui lui ont été conférés par la loi des sociétés du 1er mai 1889, art. 24 et suivants, et signe pour elle. La signature est donnée de telle sorte que les signataires ajoutent à la firme de l'Union leur propre signature. — Deux membres de

la direction peuvent, en droit, signer pour la société
et établir des déclarations.

ART. 7.

La direction traite librement les affaires de l'Union, à
moins qu'il n'y ait dans les statuts une restriction
à cet égard, ou des instructions spéciales, ou qu'on
doive en référer à l'adhésion du conseil de surveillance
ou de l'assemblée générale.

ART. 8.

Pour toute transgression des limites de leurs droits
ainsi fixés, ou pour tout dommage causé à l'Union par
suite de la négligence des soins exigés de tout homme
d'affaires ayant de l'ordre, les membres de la direction
qui y sont impliqués sont responsables en dernier lieu,
personnellement et solidairement; la direction devra
spécialement fournir compensation, lorsque à l'encontre
des prescriptions de la loi, le bénéfice ou l'avoir social
aura été distribué.

ART. 9.

La direction tient dans un ordre parfait les affaires
de l'Union qui lui incombe. Elle doit spécialement avoir
soin de la tenue des livres complète et abrégée, de
l'établissement du bilan à la fin de l'année, de la tenue
d'une liste complète de tous les membres, et de la
conservation des espèces, fonds publics, écrits et
livres de l'Union ; de publier, dans les six mois après
la fin de l'année commerciale, la balance, le nombre des
membres admis et de ceux qui se sont retirés dans le
courant de l'année, ainsi que le nombre de ceux qui
faisaient partie de la Société à la fin de l'année, et de trans-

crire cette publication sur le registre de la Société. Les déclarations d'adhésion que doivent établir les nouveaux membres, conformément à la loi des sociétés, ainsi que les avis et déclarations exigés des membres qui se retirent, doivent être communiqués en temps utile au tribunal par la direction, pour l'inscription sur le registre des sociétés. — La direction a, de plus, le devoir d'avoir soin que l'organisation de la Société et la gestion de ses affaires soient soumises, au moins tous les deux ans, à l'examen du contrôleur désigné par la direction du contrôle, et de permettre au contrôleur chargé du contrôle l'inspection des livres et écrits et la vérification de l'encaisse, ainsi que les existences en effets, valeurs commerciales et marchandises, et de transcrire sur le registre de la Société une attestation du contrôleur constatant que le contrôle a eu lieu. — Dès qu'il arrive que dans les affaires l'avoir de la Société, y compris le fonds de réserve et les crédits d'affaires, sont insuffisants pour couvrir les dettes, la direction doit réunir l'assemblée générale, et lui soumettre la question de savoir si la Société doit être dissoute.

Art. 10.

Pour toutes les mesures à prendre relativement aux opérations de l'Union, pour toutes les affaires à conclure, spécialement pour les ouvertures et prolongations de crédit, c'est la direction qui décide en réunion, sous la présidence du directeur et à la majorité des voix ; ces réunions ont lieu, en partie à époque prévue, en partie par convocation du directeur avec l'indication des sujets sur lesquels portera la discussion, de telle sorte qu'au moins deux membres de la direction soient d'accord pour toute mesure à prendre concernant les

6

affaires de l'Union. Les membres de la direction qui
sont intéressés dans un objet soumis à la discussion ne
peuvent pas assister à la réunion, pendant la discussion
de l'objet en question. — Les résolutions doivent être
inscrites dans un livre à cet effet sous forme de procès-
verbaux, et doivent être signées des participants. Pour
l'expédition des affaires de l'Union, il devra y avoir,
pendant les heures d'affaires, arrêtées d'un commun
accord entre la direction et le conseil de surveillance,
toujours deux membres de la direction présents dans le
local de l'Union, et les payements de la caisse de l'Union
ainsi que les encaissements ne devront être effectués
qu'à ces heures. Deux membres de la direction devront
être présents tous les jours, spécialement pour la ferme-
ture, alors que le solde en caisse devra être examiné,
le livre de caisse additionné, et que les espèces en caisse,
les documents, les fonds publics et les livres devront être
mis sous clef ensemble et enfermés à double tour.

Art. 11.

Les membres de la direction doivent, sur demande,
assister aux séances du conseil de surveillance, mais
cependant avec voix consultative seulement, et publier
tous les renseignements que le conseil de surveillance
juge utiles. C'est seulement dans les cas où les réunions
communes de ces deux organes sont expressément
stipulées par les présentes conventions sociales que
la direction doit également participer aux résolutions. La présidence des séances du conseil de surveillance et des séances communes de la direction et du conseil
de surveillance revient toujours au président du conseil
de surveillance, et, en cas d'empêchement, à son représentant.

Art. 12.

A chaque séance ordinaire du conseil de surveillance, la direction doit présenter un rapport de la caisse, faisant connaître le montant des recettes et des dépenses de la dernière semaine, la situation momentanée de la caisse, les créances de capitaux échues et non encore remboursées, et les emprunts faits pendant la dernière semaine contre reconnaissance de dettes. En outre, la direction doit : remettre au conseil de surveillance, à la fin de chaque mois, un extrait de compte comprenant les recettes et dépenses de tout le mois, ainsi que le bilan des affaires ; à la fin de chaque trimestre, publier ledit bilan dans la feuille indiquée par l'art. 106 des présents statuts ; à la fin de l'année, établir le compte annuel, le soumettre au conseil de surveillance, et rendre compte à l'assemblée générale de la gestion de l'année commerciale écoulée.

Art. 13.

La direction doit avoir tout spécialement soin que, conformément à la loi des sociétés, les annonces, les avis nécessaires à donner au tribunal, et les publications prescrites à l'égard des matières qui y sont relatées soient effectuées, et de remplir également les obligations stipulées par la loi des sociétés ; au cas contraire, les amendes pour omissions, stipulées dans la loi des sociétés, l'atteignent, sans que la caisse de l'Union soit tenue à la restitution de ces sommes. Les avis, incombant aux membres de la direction, doivent être effectués par tous les membres de la direction personnellement, sur le registre de la société, ou être transmis par eux sous forme certifiée.

*Obligations des membres de la direction
pris isolément*

ART. 14.

Les obligations spéciales des membres de la direction
sont réglées par des instructions à élaborer par la direction et le conseil de surveillance, et à faire approuver
par l'assemblée générale; ces instructions devront être
signées par la direction comme acquiescement. A cet
égard, les articles suivants serviront de règle.

ART. 15.

Le directeur surveille constamment les travaux du
caissier et du contrôleur, et veille avec eux à la conservation de l'encaisse, des documents de dettes actives, des
fonds publics, et des livres de l'Union. Il s'occupe de la
correspondance, se tient au courant des affaires conten-
tieuses, et porte sur le livre destiné à cet effet les
résolutions de la direction, dans leur ordre de dates, et
signées par ceux qui y ont pris part. Il doit surveiller
les existences en caisse et les documents, et pour toutes
erreurs ou irrégularités, en matière de caisse ou de
comptabilité, en aviser immédiatement le conseil de surveillance, afin que celui-ci puisse prendre les mesures
nécessaires pour la sûreté de l'Union et pour lui venir en
aide.

ART. 16.

Le caissier a la responsabilité de l'acceptation et de
la représentation des recettes de la caisse, dont la conservation lui incombe, ainsi qu'aux autres membres de la
direction. Il doit tenir les livres et établir les états
nécessaires pour toutes les recettes et dépenses, ainsi que

pour toutes autres affaires de caisse ; avec le concours
du contrôleur, il doit établir les rapports de caisse et
les rapports mensuels à soumettre au conseil de surveillance, ainsi que le bilan des opérations, et dresser les
comptes annuels aussi rapidement que possible dès la
fin de l'année.

Art. 17.

Le contrôleur doit principalement tenir les livres
auxiliaires et les états, et notamment le grand-livre,
et prendre part aux arrêtés de comptes et de caisse
ordinaires, à l'époque desquels il doit s'assurer des
existences.

Art. 18.

En cas d'empêchement continu, de départ ou de mort
d'un des membres de la direction avant l'expiration de
la période pour laquelle il a été nommé, le conseil de
surveillance doit se préoccuper immédiatement de
désigner un successeur intérimaire, et ensuite, dans les
deux derniers cas, provoquer une élection supplémentaire. La notification au tribunal des représentants
intérimaires ainsi nommés par le conseil de surveillance
est faite par eux-mêmes, conjointement avec les
anciens membres restant de la direction, et en trans-
mettant comme attestation une copie de la résolution
du conseil de surveillance à ce sujet ; les représentants
auront à observer, au sujet des signatures, ce qui est
prescrit par l'art. 6 des présents statuts. Dès qu'une
représentation intérimaire ainsi organisée par le conseil
de surveillance cesse, par suite soit de la rentrée du
membre de la direction absent, soit d'une élection supplémentaire dans les formes voulues, la notification
doit en être faite au tribunal, également par toute

la direction, et dans le dernier cas, avec adjonction du nouveau membre élu ; et pour le reste l'on devra procéder, spécialement en ce qui concerne la signature du nouveau membre nommé, de la manière indiquée précédemment.

ART. 19.

Pour les absences passagères du caissier ou du contrôleur, le directeur remplit leurs fonctions, tandis que c'est le contrôleur qui doit remplacer le directeur.

Membres de la direction relevés de leurs fonctions.

ART. 20.

La direction tout entière, ainsi que chacun de ses membres, peuvent en tout temps être relevés de leurs fonctions par une décision de l'assemblée générale, et ceux ainsi congédiés n'ont droit à une indemnité que dans la mesure des conventions arrêtées avec eux par l'Union.

ART. 21.

Les membres de la direction auront à se soumettre également au conseil de surveillance lorsque celui-ci les relèvera provisoirement de leurs fonctions, sous réserve de la décision définitive de l'assemblée générale, laquelle devra être réunie dans le plus bref délai possible.

ART. 22.

Dans le cas où un membre de la direction serait relevé de ses fonctions, la cessation de ses pouvoirs doit être notifiée d'urgence au tribunal, en lui remettant une copie de la décision relative au retrait de la charge, pour être inscrite au registre des sociétés. La notification doit être faite par les membres de la direction restant en fonctions, et dans le cas où il y aurait des représentants, par ceux des membres de la direction qui seront encore en fonctions, en commun avec les représentants. On doit procéder de la même manière en cas de cessation provisoire, décidée par le conseil de surveillance, des fonctions d'un membre de la direction, et dont les pouvoirs ne sont également que momentanément suspendus.

Traitement et caution des membres de la direction

Art. 23.

Les membres de la direction reçoivent de la caisse de l'Union des appointements se composant d'un traitement annuel fixe et d'un tantième pour % sur les bénéfices. Ils sont réglés dans les rapports relatifs aux fonctions et sont soumis à l'approbation de l'assemblée générale. Les membres de la direction doivent verser un cautionnement à l'Union, à l'égard duquel les détails seront réglés dans les rapports relatifs aux fonctionnaires, lesquels sont soumis à l'acceptation de l'assemblée générale.

II. — Du Conseil de Surveillance.

Composition et élection.

Art. 24

Le conseil de surveillance se compose de...... membres qui sont élus en assemblée générale, à la majorité absolue des voix des membres de l'Union présents, en un seul scrutin et pour trois années. Si plus de personnes qu'il n'en faut obtiennent ainsi la majorité

absolue, on choisit celles qui ont obtenu le plus de voix.
Si par contre la majorité absolue n'est pas atteinte au
premier tour, on a recours à un nouveau scrutin pour
lequel on n'admet qu'un nombre de candidats double de
celui des postes vacants. Les membres sont obligés de
restreindre leur choix, à ce scrutin de ballottage, à ceux
qui ont recueilli le plus de voix lors du premier tour.
Lorsqu'il y a même nombre de voix, c'est le sort qui
décide. Les membres du conseil de surveillance doivent
être sociétaires.

Art. 25.

Un tiers des membres du conseil de surveillance
est renouvelé tous les ans, ce qui aura lieu la prochaine
fois en l'année . .., et est remplacé par une nouvelle
élection, en assemblée générale ordinaire, alors que les
membres sortants peuvent être élus à nouveau. Dans
les deux premières années c'est le sort qui décide du
tour de rôle pour le renouvellement ; plus tard c'est
l'époque de la date de l'entrée de chaque membre, et
c'est d'après cela que se règle la durée des trois années
de leurs fonctions.

Art. 26.

En cas de départ d'un des membres du conseil de
surveillance, soit par suite de décès ou toute autre cause,
avant l'expiration de son mandat, la prochaine asssem-
blée générale devra émettre un nouveau vote pour le
reste de la période à courir.

Art. 27.

Une copie du procès-verbal de l'élection du premier
conseil de surveillance doit être jointe à la notification

des statuts, pour l'inscription dans le registre des sociétés.

Gestion des affaires.

ART. 28.

Le conseil de surveillance nomme un de ses membres à la présidence, un autre comme secrétaire, et désigne en même temps des suppléants pour ces deux fonctionnaires pour les cas d'empêchements. Il prend ses résolutions à la majorité des membres présents à ses séances. Lorsqu'il y a partage égal de voix, la proposition est considérée comme repoussée. Dans ce même cas, lorsqu'il s'agit d'élection, c'est le sort qui décide.

Le conseil de surveillance peut prendre des résolutions, lorsqu'au moins la majorité de ses membres est présente.

ART. 29.

Pour l'expédition de toutes les affaires qui lui incombent, le conseil de surveillance tient, en règle générale, une séance toutes les semaines, à une date fixe, dans le local commercial de l'Union. Les membres de la direction qui assistent aux séances du conseil de surveillance n'ont droit de vote que pour les affaires soumises d'après les statuts aux décisions communes des deux corps, tandis que pour toutes les autres affaires, il ne leur revient qu'une voix consultative.

ART. 30.

Pour les sessions extraordinaires, le président du conseil de surveillance convoque les membres de ce conseil, en leur indiquant l'objet des délibérations. Il est tenu de le faire avec toute la célérité possible lorsque la direction ou le tiers des membres du conseil de surveillance le demande, en indiquant par écrit l'objet de la discussion.

Art. 31.

Les procès-verbaux doivent contenir les résolutions prises et être signées par les membres du conseil de surveillance présents, ainsi que par les membres de la direction présents.

Art. 32.

Les membres du conseil de surveillance qui sont intéressés dans les affaires soumises à la discussion ne doivent pas assister aux séances dans lesquelles ces questions sont traitées.

Membres du conseil de surveillance relevés de leurs fonctions.

Art. 33.

Le membres du conseil de surveillance peuvent en tout temps être relevés de leurs fonctions par l'assemblée générale. La résolution exige une majorité des trois quarts des membres présents. La proposition à cet égard est réservée à la direction et au conseil de surveillance, mais peut aussi être faite par les membres mêmes de l'Union. Dans ce dernier cas, elle ne peut cependant être prise en considération que si elle est faite par écrit avec indication des motifs et appuyée par un dixième des sociétaires.

Obligations et droits du conseil de surveillance.

Art. 34.

Le conseil de surveillance surveille la gestion des

affaires de la direction dans toutes les branches de la direction, et est autorisé à cet effet à se renseigner en tout temps sur la marche des affaires de la société. Il peut à tout moment également demander à la direction un rapport sur ces derniers, et examiner seul ou faire examiner par des membres indiqués par lui les livres, les documents de la société, ainsi que vérifier l'encaisse de la société et l'existence en effets, valeurs commerciales et marchandises. Il peut éloigner provisoirement de la gestion des affaires les membres de la direction jusqu'à la décision de l'assemblée générale à convoquer, à cet effet, le plus tôt possible, et il aura alors à prendre les dispositions nécessaires pour la continuation momentanée des affaires, par la nomination de représentants intérimaires, ainsi que pour la transmission des espèces en caisse, des documents, livres et papiers de l'Union. Le conseil de surveillance doit assister aux vérifications du contrôleur de l'Union, et dans la prochaine assemblée générale il doit soumettre un rapport donnant les résultats du contrôle.

Art. 35.

Le conseil de surveillance doit en plus examiner les arrêtés de compte mensuels et trimestriels de l'Union, afin d'obtenir ainsi l'aperçu nécessaire des affaires, le compte annuel, le bilan et les propositions de répartition des profits et des pertes, et en faire un rapport à l'assemblée générale, avant l'acceptation du bilan. Il doit convoquer une assemblée générale lorsque cela paraît nécessaire dans l'intérêt de la société.

Art. 36.

La marche à observer par le conseil de surveillance

pour ses affaires est fixée par la direction et le conseil de surveillance, dans une instruction spéciale à rédiger par tous deux, à faire accepter par l'assemblée générale, et à laquelle il devra se conformer dans toutes ses parties. L'instruction doit être signée par tous les membres du conseil de surveillance. Les membres du dit conseil doivent avoir l'exactitude d'hommes d'affaires rangés. Ceux des membres qui négligent leurs obligations sont responsables envers la société, personnellement et solidairement, pour le dommage causé par ce fait, et ils sont spécialement contraints au remboursement des sommes lorsque, contrairement aux prescriptions de la loi, avec leur connaissance et sans leur protestation, le bénéfice ou l'avoir de la société aura été distribué.

Art. 37.

Le conseil de surveillance représente l'Union pour les contrats à conclure avec les membres de la direction, ainsi que dans les procès qui peuvent avoir lieu contre ces derniers.

Art. 38.

Pour les affaires suivantes, la direction doit avoir l'adhésion du conseil de surveillance : 1° pour accorder des crédits de toute nature, spécialement pour accorder des avances et le renouvellement de ces avances, pour escompter des effets, et pour accorder des crédits en compte courant. Là où les avances doivent être faites par la direction même, ce droit doit être limité par l'établissement d'une liste donnant l'élévation des crédits à accorder, et dans ce cas, la stipulation de l'art. 38 § 1 serait supprimée, et par contre, dans l'art. 39, il y aurait lieu de faire entrer le paragraphe suivant : pour l'établissement de la liste des sommes maxima de crédits à accorder, laquelle fixe pour chaque membre le montant le plus élevé dans les limites duquel la direction doit se tenir en cas de demande d'avance. Cette liste doit être examinée au moins tous les mois, et modifiée en conformité de situations nouvelles ; 2° pour la création et la cessation de relations d'affaires avec des institutions financières et des maisons de banque, pour l'ouverture de crédit dans lesdites et pour les conditions à établir à cet égard ; 3° pour le placement de capitaux momentanément disponibles ; 4° pour le placement du fonds de réserve ; 5° pour l'acceptation pour la caisse de l'Union d'emprunts non conformes aux stipulations de la loi sur les sociétés ; 6° pour la désignation d'une autre feuille officielle pour les publications de l'Union, dans le cas où celle désignée par la loi viendrait à cesser.

Art. 39.

A l'égard des affaires suivantes, la direction et le conseil de surveillance devront prendre des déterminations en séance commune : 1° pour l'admission et la démission d'employés au service de l'Union et pour le règlement de leurs traitements, ainsi que pour la nomination de fondés de pouvoirs, pour certaines affaires, et le règlement de leurs pouvoirs, enfin pour la poursuite de demandes judiciaires contre ces employés fondés de pouvoirs ; 2° pour la conclusion des contrats de location et autres, ainsi que pour l'acquisition et la vente de mobiliers ; 3° pour les instructions d'affaires nécessaires pour la direction et le conseil de surveillance, lesquelles devront être soumises à l'acceptation de l'assemblée générale ; 4° pour la fixation du taux des intérêts et des provisions, pour les crédits consentis et qui devront être portés à la connaissance des sociétaires par une publication officielle ; 5° pour l'admission de nouveaux sociétaires, et pour les propositions d'exclusion de sociétaires par l'assemblée générale ; 6° pour la suspension provisoire de ceux des employés dont l'admission et l'exclusion dépendent de l'assemblée générale ; 7° pour le chiffre des emprunts à contracter contre reconnaissances, dans l'intérêt de l'Union, pour la fixation des délais de résiliation et du taux de l'intérêt, ainsi que pour les intérêts à bénéficier en compte-courant, sans ouverture de crédit ; 8° pour l'établissement des conditions pour l'admission, le paiement des intérêts et le remboursement des placements d'épargne, qui sont à soumettre à l'acceptation de l'assemblée générale ; 9° pour l'extension ou la restriction des affaires en général, ou de certaines branches, et pour la fixation de l'ordre des affaires ou des conditions pour les diverses branches ; 10° pour la représentation aux assemblées générales et aux réunions des sous-unions, pour le choix des délégués à celles-ci et la fixation de leur indemnité de voyage ; 11° pour la fixation des heures de bureau ; 12° pour l'acquisition de publications périodiques et de journaux ; 13° pour la rentrée des découverts de débiteurs négligents. Pour qu'une décision soit valable, dans une réunion commune, la majorité des membres de la direction et du conseil de surveillance est exigée.

III. — De l'Assemblée Générale

Droit d'y prendre part

Art. 40.

Les droits qui reviennent aux membres de la société

dans les affaires de celle-ci sont exercés par eux en assemblée générale. Chacun d'eux a une voix dans les décisions à prendre, et elle ne peut être reportée sur une tierce personne. Les corporations, les sociétés commerciales et autres unions de personnes qui sont membres de la société, et plusieurs héritiers d'un sociétaire décédé, peuvent se faire représenter par un mandataire muni de pouvoirs écrits ; dans ce cas le mandataire ne peut représenter plus d'un sociétaire.

Convocations et invitations.

ART. 41.

La convocation de l'assemblée générale émane en règle générale du conseil de surveillance ; cependant si celui-ci la diffère, la direction peut également la convoquer. L'invitation à l'assemblée générale a lieu par... . insertions dans la feuille mentionnée à l'art. 106 des présents statuts, et lorsqu'elle émane du conseil de surveillance, elle est signée par son président, autrement par le directeur de la façon ordinaire. Le numéro du journal en question doit paraître au moins huit jours avant l'assemblée.

ART. 42.

Dans l'invitation, les propositions à discuter et les autres sujets de l'ordre du jour doivent être indiqués sommairement au moins trois jours avant l'assemblée générale.

Assemblées générales ordinaires

ART. 43.

Les assemblées générales ont lieu régulièrement : *a)*

après la clôture de l'année commerciale, pour les communications relatives aux comptes de l'année, pour les résolutions à l'égard de la répartition des bénéfices, et pour la décharge à donner à la direction, ainsi que pour le règlement de divers comptes ; *b)* à la fin de chaque trimestre, pour soumettre les situations de la caisse et des affaires, pour examiner les plaintes et toutes autres questions intéressant l'Union, et pour discuter les sujets d'un intérêt social commun. Les scrutins, pour le remplacement des membres de la direction et du conseil de surveillance qui se retirent, doivent avoir lieu dans la dernière assemblée générale ordinaire avant la fin de l'année commerciale.

Le bilan, ainsi qu'un relevé de compte annuel indiquant les profits et les pertes de l'année, devront être exposés dans le local de l'Union à la disposition des sociétaires, au moins huit jours avant l'assemblée générale à laquelle l'approbation du bilan et de la répartition des bénéfices doit être demandée, et les sociétaires doivent être avisés que ces documents sont à leur disposition. Sur sa demande et à ses frais, il devra être donné à tout autre associé une copie du bilan.

Assemblées générales extraordinaires

Art. 44.

Des assemblées générales extraordinaires peuvent être convoquées en tout temps suivant les nécessités. Le conseil de surveillance y est contraint, lorsque la direction ou au moins un dixième des sociétaires de l'Union le demande, par une pétition signée d'eux et en indiquant le but et les motifs. S'il n'est pas donné suite à la demande des sociétaires, soit par le conseil de surveillance, soit par la direction, ils peuvent alors s'adresser au tribunal, qui leur donne l'autorisation de convoquer l'assemblée générale. La convocation est publiée dans la feuille spécifiée à l'art. 106 des présents statuts, et est signée par les sociétaires ; avec la convocation doit être publiée l'autorisation judiciaire.

Ordre du jour

ART. 45.

L'ordre du jour doit être établi par le conseil de surveillance dans le cas où celui-ci convoque la réunion, autrement par la direction ou par les sociétaires qui ont convoqué l'assemblée ; cependant on devra y admettre toutes les propositions faites par l'un des deux organes ou par la dixième partie des sociétaires de l'Union, qui auront été souscrites en temps utile, pour qu'elles puissent être publiées dans l'invitation, trois jours avant l'assemblée générale. S'il n'est pas donné suite à la demande de publication des propositions des sociétaires, ils peuvent s'adresser au tribunal qui les autorise à les faire publier. Les sociétaires doivent faire annoncer leurs propositions par la feuille spécifiée en l'article 106 des présents statuts, au moins trois jours avant l'assemblée générale, et faire publier avec ces propositions l'autorisation judiciaire obtenue.

Présidence

ART. 46.

La présidence de l'assemblée générale est exercée par le président du conseil de surveillance ou par un membre de la direction, si la convocation a été lancée par l'un ou l'autre. Si l'assemblée générale est convoquée par les sociétaires, ils nomment alors le président. Cependant, par une décision de l'assemblée générale, la présidence peut toujours être donnée à un autre sociétaire de l'Union. Le président nomme le secrétaire.

Scrutin

Art. 47.

Le scrutin se fait à mains levées, et le président peut, dès que le résultat lui paraît douteux, faire compter les voix par deux scrutateurs pris par lui parmi les sociétaires, ce à quoi il est obligé dès que dix membres de l'assemblée en font la demande. Ce n'est que pour l'exclusion d'un sociétaire et pour une élection que le scrutin doit toujours avoir lieu par bulletin de vote.

Décisions

Art. 48.

Les décisions prises par la majorité des sociétaires présents à une assemblée générale engagent la société, lorsque la convocation à l'assemblée générale a été faite régulièrement, avec communication de l'ordre du jour et conformément aux dispositions des présents statuts. Pour les affaires suivantes : 1° pour modifier ou compléter les statuts ; 2° pour changer le but de l'entreprise ; 3° pour augmenter les parts sociales ; 4° pour réélire les membres du conseil de surveillance ; 5° pour liquider la société, il ne peut être pris de décision valablement par les sociétaires présents à l'assemblée générale que si la majorité des trois quarts est obtenue — Pour la validité des décisions : 1° à l'égard des modifications ou compléments de statuts ; 2° à l'égard du changement du but de l'entreprise ; 3° à l'égard de la liquidation de la société, on exige de plus qu'au moins un tiers de tous les sociétaires soit présent à l'assemblée générale. Si le tiers des sociétaires exigé n'est pas présent à l'assemblée générale, on fixe une seconde assemblée générale, à un intervalle d'au moins huit jours et au plus de quatre semaines pour la discussion du même ordre du jour, laquelle assemblée peut prendre des décisions valables sans tenir compte du nombre de membres présents.

Art. 49.

Les procès-verbaux des discussions de l'assemblée générale qui doivent contenir les points essentiels de la séance, notamment les décisions et les scrutins, et pour ces derniers également le nombre et les conditions des voix émises, doivent être inscrits sous la rubrique de l'assemblée générale dans un livre spécial pour les procès-verbaux, signés par le président, par les membres présents de la direction et du conseil de surveillance, par le secrétaire, et par au moins trois autres sociétaires de l'Union, et doivent être conservés par le conseil de surveillance, ainsi que les exemplaires spéciaux des feuilles officielles contenant la convocation.

Art. 50.

En dehors des sujets spécifiés expressément dans une autre partie de ces statuts et qui doivent être soumis aux discussions de l'assemblée générale, les affaires suivantes doivent encore lui être soumises : 1° modification et complément des statuts de l'Union, changement du but de l'entreprise ; 2° dissolution et liquidation de l'Union ; 3° déduction des pertes subies de l'avoir des sociétaires ; 4° acquisition et vente de propriétés foncières et charges y afférentes ; 5° élection et rémunération de la direction et du conseil de surveillance, ainsi que de la commission d'évaluation ; nomination d'une commission supérieure de révision et élection des membres de cette dernière ; 6° demandes de poursuites judiciaires contre des membres de la direction et du conseil de surveillance, ainsi que l'élection des fondés des pouvoirs pour la conduite de procès contre des membres du conseil de surveillance ; 7° décharge de leurs fonctions des membres de la direction et du conseil de surveillance ; 8° décision définitive relativement aux plaintes formulées contre la gestion des affaires et les décisions de la direction et du conseil de surveillance ; 9° approbation des instructions réglant la gestion des affaires de la direction et du conseil de surveillance, et organisation des opérations ; 10° fixation du montant maximum que ne doivent pas dépasser : *a)* toutes les sommes réunies prises en charge par l'Union comme emprunts ou dépôts de caisse d'épargne, *b)* les crédits ouverts simultanément à un même sociétaire ; 11° admission de l'ouverture de crédits en compte-courant ; 12° répartition du bénéfice à la fin de l'année et décharge de la direction pour la gestion de ses affaires ; 13° exclusion de sociétaires de l'Union ; 14° adhésion à l'Union générale des sociétés allemandes, et à une sous-union de cette union, ou sortie de ces unions.

Obtention et cessation de la qualité de sociétaire

Art. 51.

Sont admissibles toutes les personnes qui peuvent engager leur responsabilité librement, et qui ne sont pas déjà sociétaires d'une autre Union d'avances. Pour acquérir la qualité de sociétaire, l'admission par la direction et le conseil de surveillance et l'établissement d'une déclaration écrite d'adhésion est indispensable.

La direction doit transmettre la déclaration d'adhésion au tribunal, pour y être inscrite sur la liste des sociétaires. Par l'inscription s'obtient la qualité de sociétaire pour l'adhérent. La déclaration d'adhésion doit contenir la stipulation expresse que les sociétaires isolés sont responsables pour les engagements de la société, envers celle-ci comme envers les créanciers de cette dernière, avec tout leur avoir, dans la mesure des prescriptions de la loi. Tout nouveau sociétaire doit établir deux déclarations d'adhésion semblables, dont l'une doit être transmise au tribunal et l'autre doit être consérvée avec les documents de la société. Celui qui est repoussé par la direction et le conseil de surveillance peut en appeler à l'assemblée générale.

ART. 52.

Tout sociétaire a le droit de se retirer en donnant sa démission. Cette démission doit être donnée par écrit pour produire son effet à la fin de l'exercice annuel en tant qu'elle est envoyée quatre mois au moins avant son expiration.

ART. 53.

Un sociétaire peut être exclu : *a)* par suite de la perte de ses droits de citoyen ; *b)* s'il ne remplit pas ses obligations statutaires, spécialement après deux avis, restés sans effet, à l'égard de retards dépassant trois mois, pour les versements courants à effectuer ; *c)* par suite de la participation comme membre à une autre Union d'avances ou à une société poursuivant un but identique ; *d)* s'il a nécessité une plainte judiciaire à cause d'une avance obtenue, ou s'il a occasionné un préjudice à l'Union ou à un répondant ; *e)* si la faillite est déclarée à cause de son avoir. L'exclusion a lieu par suite d'une décision de l'assemblée générale ; pour les cas spécifiés de *a)* à *d)*, elle doit être proposée par la direction et le conseil de surveillance, et pour le cas indiqué par *e)*, l'exclusion peut être proposée par ces organes. Le sociétaire doit, sans retard, être informé de son exclusion par la direction, par une lettre recommandée. A partir de la date de l'envoi de la lettre, le sociétaire ne peut plus prendre part aux assemblées générales ni être membre de la direction et du conseil de surveillance.

Art. 54.

La direction est obligée de transmettre au tribunal pour la liste des sociétaires la démission du sociétaire ou du créancier du sociétaire, en original, au moins six semaines avant la fin de l'année commerciale à la clôture de laquelle elle a été donnée, et de fournir en même temps l'assurance écrite qu'elle a été notifiée en temps utile. Dans le cas d'exclusion d'un sociétaire, une copie de la décision d'exclusion doit être transmise au tribunal, et cette transmission doit être faite, également, au moins six semaines avant la fin de l'année commerciale dans laquelle l'exclusion a eu lieu et si elle a été faite après cette date, sans aucun délai.

Art. 55.

Par suite de l'inscription effectuée par le juge chargé du registre sur la liste des sociétaires, le sociétaire est exclu de la société à la date indiquée sur la liste pour la clôture de l'année commerciale, dans les cas prévus par les art. 52 et 53. Si l'inscription n'a lieu que dans le courant d'une année commerciale ultérieure, l'exclusion n'a lieu qu'à la fin de cette année commerciale.

Art. 56.

En cas de décès d'un sociétaire, celui-ci est considéré comme exclu à la fin de l'année commerciale dans laquelle la mort est survenue. Jusqu'à cette date, les droits de sociétaire de ce dernier sont exercés par ses héritiers. Pour plusieurs héritiers, le droit de vote peut être exercé en assemblée générale par un fondé de pouvoirs.

Art. 57.

La direction est obligée, dès qu'elle a été informée de la mort d'un sociétaire, d'en aviser le tribunal sans retard.

Art. 58.

La liquidation, pour les sociétaires partis, s'établit sur la base du bilan. L'avoir social doit être remboursé au sociétaire parti, ou aux héritiers du sociétaire décédé dans les six mois qui suivent la sortie ; ils n'ont aucun droit sur le fonds de réserve ni sur tout autre avoir de l'Union. Si l'avoir, y compris le fonds de réserve et les crédits de la société, ne suffisent pas pour couvrir les dettes, le sociétaire parti doit payer à la société la part lui incombant dans la différence. Si la société est liquidée dans les six mois qui suivent le départ du sociétaire, cette liquidation est considérée comme n'ayant pas eu lieu.

Art. 59.

Un sociétaire ne peut sortir de la société par suite du transfert de son crédit.

Droits et devoirs des sociétaires

Art. 60.

Les membres de la société sont autorisés : *a)* à voter en assemblée générale pour toutes les décisions de la société et à toutes les élections, et à faire des propositions ; *b)* à provoquer des assemblées générales d'après les stipulations de l'art. 44 ; *c)* à faire usage de toutes les dispositions prises par la société pour atteindre le but que se propose l'Union, autant que le permettent les moyens dont ils disposent et les stipulations des présents statuts ; *d)* à réclamer un dividende sur le bénéfice net dans la mesure des stipulations de l'art. 89 et des suivants.

Art. 61.

Par contre, tout sociétaire est obligé : *a)* de faire les versements prescrits par l'art. 62 sur la part sociale ; *b)* d'acquitter, ausssitôt après son admission comme sociétaire, le droit d'entrée fixé par l'art. 66 ; *c)* de n'agir ni contre les présents statuts, ni contre les résolutions et intérêts de la société ; *d)* de répondre solidairement et avec tout son avoir des engagements de la société, ainsi que directement envers les créanciers de cette dernière, dans la mesure des stipulations de la loi sur les sociétés à responsabilité illimitée.

Parts des sociétaires

Art. 62.

La part de chaque sociétaire est fixée à. . . . . . .

Cette part peut être acquittée en une seule fois, en entrant dans la société, ou bien être versée par paiements successifs échelonnés. Dans ce dernier cas, les versements doivent être d'au moins.... par mois.

Art. 63.

En outre, pour compléter la part sociale, les dividendes revenant sur le bénéfice net sont conservés et portés en compte spécial au crédit de l'associé avec les versements effectués sur la part sociale.

Art. 64.

Chaque sociétaire reçoit un carnet spécial, dans lequel sont inscrits par la direction, à la fin de l'année, les versements faits par lui sur sa part sociale, les dividendes revenant à cette dernière, et les déductions qui se sont produites. Les versements faits par un sociétaire sur sa part sociale, ainsi que les dividendes crédités à cette dernière, constituent l'avoir commercial du sociétaire. Cette part sociale ne peut être remboursée ni totalement ni partiellement par la société pendant la durée du sociétariat, et ne peut non plus être acceptée comme gage par la société; aucune exonération de versements dus sur la part sociale ne peut jamais avoir lieu.

Fonds de réserve

Art. 65.

Le fonds de réserve sert à couvrir les pertes qui ne peuvent être couvertes par le produit des opérations de l'année commerciale. Il est formé par les versements d'entrée qu'ont à effectuer les nouveaux sociétaires, suivant l'art. 66, et par la quote-part sur le bénéfice net dont il doit être crédité suivant l'art. 94, et il doit être accumulé jusqu'à ce qu'il atteigne successivement au

moins quinze pour cent du montant total de l'avoir
social, et après déduction de pertes, il devra être ramené
à cette proportion.

Art. 66.

Le droit d'entrée des sociétaires est fixé, de temps à
autre, par les décisions de la société, et est porté jusqu'à
nouvel ordre à . . .

Il doit être acquitté aussitôt après l'admission dans la
société.

Art. 67.

La veuve ou l'héritier majeur d'un sociétaire seront
exonérés du paiement du droit d'entrée, lorsque dans
.les six mois qui suivront le jour du décès du sociétaire,
ils feront à la direction une demande d'admission dans
l'Union, et qu'ils auront été admis dans l'Union sur cette
demande.

Art. 68.

Le montant des fonds de réserve reste à l'Union jusqu'à sa liquidation, et les sociétaires sortis antérieurement ne peuvent élever aucune revendication à son
égard.

Etendue des opérations de l'Union

1. Résumé

Art. 69.

L'Union contracte des emprunts contre reconnaissance de dettes nominatives et contre remise de livrets
de caisse d'épargne, dans la mesure qu'exigent les
besoins de crédit des sociétaires. Elle noue des relations
d'affaires avec des institutions foncières et des maisons

de banque, et au besoin se fait ouvrir des crédits dans celles-ci. Elle entre en rapports avec d'autres sociétés, spécialement dans le but de pourvoir à l'encaisse commun. Elle accorde à ses sociétaires des avances à date fixe, leur escompte des lettres de change, et leur ouvre des comptes-courants avec ou sans ouverture de crédit. Elle s'occupe d'affaires financières pour ses sociétaires moyennant commission. L'Union ne peut acquérir des immeubles que pour obtenir un local particulier permanent pour ses affaires, et, passagèrement, pour garantir une créance en danger. Elle ne peut acheter de fonds publics ou d'autres valeurs que pour son fonds de réserve, ou pour le placement momentané de fonds de caisse non utilisés. Toute spéculation sur valeurs est interdite.

2. *Dispositions générales*

Art. 70.

La direction et le conseil de surveillance décident en commun à l'égard de l'extension ou de la limitation de toutes les opérations, ainsi que de la marche des diverses branches d'affaires. Ils établissent l'ordre des opérations et les conditions pour les diverses branches d'affaires, et obtiennent pour celles-ci l'approbation de l'assemblée générale en tant que cette dernière est exigée par les présents statuts ; ces sortes de dispositions sont spécialement à établir pour la gestion des comptes courants et pour les opérations de caisse d'épargne. La direction et le conseil de surveillance ont de plus à fixer, en tenant compte du marché monétaire et en prenant en considération les conditions et les besoins de l'Union, le taux de l'intérêt pour les capitaux déposés à l'Union, ainsi que le taux pour les intérêts et la provision pour les ouvertures de crédit de toute nature consenties par l'Union.

Art. 71.

C'est la direction qui statue sur les demandes d'ouverture de crédit, et pour la décision définitive à prendre à cet égard, c'est le conseil de surveillance qui décide librement après un consciencieux examen de la situation du demandeur et des sûretés offertes ; la direction, ainsi que le conseil de surveillance, ne sont pas tenus de communiquer les motifs qui les out guidés dans leur résolution.

Art. 72.

Il n'est consenti de crédits qu'à des sociétaires de l'Union, et seulement dans la proportion de leur solvabilité, ou s'il est fourni des garanties suffisantes.

Art. 73.

Les sûretés pour les crédits consentis peuvent être données : 1° en fournissant une ou plusieurs cautions ; 2° en remettant ou cédant des créances hypothécaires ; 3° en déposant des fonds publics sûrs ou autres valeurs ayant cours à une bourse allemande. Il ne devra pas être fait d'avances sur hypothèque spéciale. Exceptionnellement seulement, pour des créances compromises et à défaut d'autre garantie, on peut accepter cette nature de sûreté. Pour le crédit en compte-courant on peut accepter comme garantie une hypothèque caution pour le montant du chiffre maximum arrêté.

Art. 74.

Pour le gage par cautions, les répondants doivent renoncer à l'opposition par poursuite anticipée, et plusieurs répondants à l'opposition du partage.

Art. 75.

Pour l'engagement ou la cession d'une créance garantie par hypothèque, le montant du crédit accordé doit atteindre au plus 80 %. du chiffre de la créance engagée ou cédée. Il ne peut être fait d'avances sur les fonds publics et autres valeurs, suivant la valeur et la nature des titres gagés, que jusqu'à 80 %. du cours coté au jour de l'engagement. Si le cours des fonds publics ou autres valeurs gagées baisse pendant la durée de leur dépôt en gage, celui qui a obtenu un crédit doit compléter son gage proportionnellement, ou bien faire un versement supplémentaire correspondant sur sa dette.

Art. 76.

Les membres de la direction ne peuvent, pendant la durée de leurs fonctions, obtenir aucune ouverture de crédit, et ne doivent sous aucun prétexte se servir de la caisse de l'Union pour leur usage personnel ; au cas contraire, ils devraient être immédiatement révoqués.

Art. 77.

Les membres du conseil de surveillance ne doivent, pendant qu'ils remplissent ces fonctions, obtenir d'avances que contre sûreté suffisante, et pour un montant maximum que la commission d'évaluation composée de trois sociétaires nommés tous les ans par l'assemblée générale devra fixer et pourra modifier en tout temps.

Art. 78.

Les membres de la direction et du conseil de surveillance ne sont pas acceptés comme répondants pendant la durée de leurs fonctions.

ART. 79.

Il peut être accordé à un sociétaire de l'Union, dans les limites de sa solvabilité et contre sûretés sufffisantes, plusieurs avances ou crédits en même temps.

3. *Dépôts.*

ART. 80.

Les versements qui sont acceptés par l'Union, contre reconnaissance de dettes au nom du créancier, ne doivent pas s'élever à moins de..... et doivent être placés à trois mois au moins, la résiliation pouvant être demandée par les deux parties. Le déposant ne peut résilier avant trois mois depuis la date de son dépôt. Le taux de l'intérêt pour ces dépôts est fixé par la direction et le conseil de surveillance, de temps à autre, en tenant compte des conditions du marché monétaire, des besoins de la caisse de l'Union, et des délais de congé à stipuler. Le remboursement de versements avant l'expiration du délai de congé n'est consenti que contre une provision proportionnelle, laquelle doit être fixée par la direction et le conseil de surveillance.

4. *Caisse d'épargne.*

ART. 81.

Des versements d'épargne sont acceptés à la Caisse d'épargne de l'Union, à partir de.... jusqu'à...., et la quittance pour ces versements est donnée par la direction dans des livrets de caisse d'épargne délivrés également par la direction. Les conditions pour l'acceptation, les intérêts à servir, et le remboursement des dépôts d'épargne sont fixés par la direction et le conseil de surveillance et approuvés par l'assemblée générale.

5. *Avances*.

Art. 82.

Il est fait des avances aux sociétaires de l'Union pour un temps fixe contre leur propre lettre de change à ... mois au moins et pour.... mois au plus.

Art. 83.

Le délai de remboursement peut être prolongé une ou plusieurs fois, mais chaque fois pour .... mois au plus, et seulement à la condition que cela ne serve en aucune façon à la couverture de placements fixes de capitaux. Lorsque la sûreté est fournie par une caution, la prolongation de l'avance ne doit être accordée qu'avec l'assentiment des répondants. Toute demande de prolongation peut être repoussée, à toute époque, sans indication de motif, ou la prolongation peut être accordée seulement contre la remise d'un versement à compte. En cas de situation incertaine du marché monétaire, cette dernière mesure doit être prescrite, et les sociétaires doivent en être avisés en temps voulu. Les avances peuvent être remboursées à tout moment, totalement ou partiellement, dans la caisse de l'Union.

6. *Escompte de lettres de change*.

Art. 84.

L'Union escompte les lettres de change qui lui sont remises par un de ses sociétaires, à échéance fixe, dont la date de paiement ne dépasse pas... mois du jour de la création, et qui portent au moins deux bonnes signatures. L'intérêt est calculé au moins pour un demi mois, et en cas d'acquittement de la lettre de change avant l'échéance, il n'est pas restitué. Lorsque les cas prévus par l'art. 29 du Règlement allemand des lettres de change relatif au défaut de sûreté s'appliquent à un signataire d'une lettre de change, le cédant de cette dernière doit, sur demande, verser immédiatement le montant de cette lettre de change ou bien fournir les garanties nécessaires pour le paiement ponctuel de ladite lettre de change au jour de l'échéance.

7. *Comptes-courants.*

ART. 85.

L'Union tient pour les sociétaires des comptes-courants à intérêts, avec ou sans ouverture de crédit. Les comptes-courants sont arrêtés tous les six mois, les 30 juin et 31 décembre de chaque année.

Lors de l'ouverture d'un compte-courant à un membre de l'Union, cette dernière doit se réserver le droit de résiliation à toute époque. Lorsque ce droit sera appliqué, le titulaire d'un compte-courant possédant un avoir dans l'Union devra en disposer dans les 14 jours à partir du jour de la résiliation, et celui qui sera débiteur de l'Union devra acquitter cette dette dans les quatre semaines du jour de cette résiliation. Si le titulaire d'un compte-courant ne dispose pas de son avoir dans le délai fixé à 14 jours, l'avoir cesse de porter intérêts après l'expiration de ce délai. Lorsqu'un crédit sera consenti en compte-courant, il devra être fourni des garanties à l'Union pour le montant du crédit.

Comptabilité, bénéfice net et dividende

ART. 86.

La première année commerciale commence le........
........et finit le 31 décembre.....; après l'expiration
de celle-ci, l'année commerciale concordera avec l'année
calendaire. Aussitôt après la fin de cette dernière, il devra être procédé : 1° à l'examen et à l'établissement de
l'encaisse disponible, des documents de dettes et des
fonds publics, par le conseil de surveillance ; 2° à la
clôture des livres par la direction.

ART. 87.

Le compte complet de l'année doit être remis au conseil de surveillance par la direction au plus tard à la
fin de mars de l'année suivante; au cas contraire, le conseil de surveillance est autorisé à le faire établir par
d'autres personnes sous sa surveillance et aux frais de
la direction.

ART. 88

Le compte doit comprendre : 1° un aperçu de toutes
les recettes et dépenses de l'année, d'après les rubriques
adoptées dans la tenue des livres et la comptabilité;
2° un décompte spécial des profits et pertes; 3° le bilan
de la situation de l'avoir de la société (l'actif et le passif)
à la fin de l'année.

ART. 89.

Dans le bilan, en dehors des dettes de l'Union, il y
a à faire figurer le fonds de réserve et les créances des
sociétaires dans le passif; la valeur des immeubles et du
mobilier, après déduction du pourcentage ordinaire pour

usure ou de réductions plus importantes proposées ; les espèces en caisse ; les fonds publics, au plus bas cours du jour, ainsi que les créances actives, d'après les différentes branches des opérations dans l'actif; mais cependant on ne doit porter les créances douteuses que pour leur valeur probable, et écarter complètement celles qui ne sont pas recouvrables. En outre le bilan doit comprendre la différence à spécifier dans le compte Profits et Pertes entre les intérêts passifs de l'Union, produits jusqu'à la fin de l'année commerciale et qui ne seront payables que l'année suivante, en y ajoutant les intérêts pour l'année suivante prélevés d'avance, et les intérêts actifs produits jusqu'à la fin de l'année, mais qui ne seront cependant encaisssés que l'année suivante comme solde du compte des intérêts. L'excédent de l'actif, obtenu d'après ces principes, constitue le bénéfice net.

Art. 90.

Le contrôle des comptes de l'année est effectué par le conseil de surveillance, lequel doit se procurer les bases nécessaires à cet effet par l'examen des livres, des pièces justificatives, ainsi que par l'inventaire que, suivant l'art. 86, il doit établir. Le conseil de surveillance peut faire appel à l'aide de personnes compétentes pour l'examen des comptes de l'année, lesquelles personnes obtiennent pour cela de la caisse de l'Union une rémunération à fixer par le conseil de surveillance.

Art. 91.

Le rapport du conseil de surveillance sur le contrôle doit être soumis à la prochaine réunion ordinaire de l'assemblée générale, laquelle prend ensuite une décision quant à la décharge à donner à la direction. S'il surgit à cet égard quelque doute, quant à l'exactitude des comptes et du contrôle du conseil de surveillance, l'assemblée générale peut, sans que la proposition ait été portée d'avance à l'ordre du jour, nommer une commission de trois sociétaires, et la charger d'une révision spéciale des comptes, auquel cas celle-ci exerce tous les droits attribués au conseil de surveillance par les art. 34 et 35 des statuts.

Art. 92.

L'emploi du bénéfice net est soumis aux décisions de l'assemblée générale. Ce bénéfice net, s'il n'est pas reporté par des décisions de cette dernière sur le fonds de réserve ou employé au crédit d'éléments de l'avoir de l'Union ou dans d'autres buts, est réparti entre les sociétaires d'après l'importance de leur avoir social, et leur est crédité jusqu'à ce que la part sociale soit atteinte, ou est conservé pour parfaire une créance diminuée par une perte.

Art. 93.

Pour le calcul des dividendes, on ne tient compte de l'avoir de chaque sociétaire qu'autant qu'il comprend des marks, et qu'il n'a pas été versé seulement pendant l'année dont on relève les comptes et du bénéfice de laquelle il s'agit, de sorte qu'il n'entre en considération que des crédits qui existaient à la fin de l'année commerciale précédente.

Art. 94.

Tant que le fonds de réserve n'aura pas atteint le montant fixé par l'art. 65, l'on déduira du bénéfice net, avant toute répartition aux sociétaires, au moins 15 % pour les porter au crédit du dit fonds, ce qui devra également avoir lieu lorsqu'il sera tombé au-dessous du chiffre normal par suite du règlement de perte d'affaires.

Liquidation de l'Union et responsabilité
des sociétaires.

Art. 95.

La liquidation de l'Union a lieu : 1° par décision de l'assemblée générale conformément aux stipulations de l'art. 38; 2° par la déclaration de faillite de l'Union ; 3° par décision du Tribunal, lorsque le nombre des sociétaires est devenu inférieur à sept ; 4° par décision des autorités mentionnées dans l'art. 79 de la loi des sociétés et suivant les prescriptions qui y sont données.

Art. 96.

La faillite de la société est déclarée en cas de suspension de paiement et après liquidation, également en cas d'excédent du passif sur l'actif. En dehors des créanciers, tout membre de la direction est autorisé à faire la proposition de déclaration de faillite. La proposition de déclaration de faillite ne peut être repoussée par la raison qu'il n'existe pas une masse de créanciers suffisante pour pouvoir faire face aux frais de la procédure.

Art. 97.

Les sociétaires sont individuellement responsables, solidairement et sur tous leurs biens, envers les créanciers de la société des pertes qu'ils subissent par la répartition définitive des créances admises dans la faillite de la société. Mais les créanciers de la société ne

peuvent avoir recours contre les sociétaires individuellement qu'après un délai de trois mois à partir de la date
à laquelle le compte des versements supplémentaires aura
été déclaré exécutoire, et seulement pour les créances
admises pour lesquelles il ne leur aura pas été donné
satisfaction jusque-là. Les sociétaires sortis de la société
dans les deux dernières années avant l'ouverture de la
faillite ne pourront être poursuivis par les créanciers de
la faillite pour leurs créances admises dans celle-ci, et
seulement pour celles pour lesquelles ils n'auront pas
reçu satisfaction, que pour les obligations contractées
par la société jusqu'au jour de leur sortie de cette dernière, et seulement après six mois à partir de la date à
laquelle le compte des versements supplémentaires aura
été déclaré exécutoire.

ART. 98.

Après dissolution de la société, la liquidation est faite,
excepté dans le cas de faillite, d'après les prescriptions
des art. 81 et suivants de la loi, par la direction, si l'assemblée générale ne désigne pas d'autres personnes
comme liquidateurs.

ART. 99.

Aussitôt après le commencement de la liquidation, et
ensuite chaque année, les liquidateurs devront établir un
bilan dans lequel les intérêts prélevés d'avance ne devront pas figurer au passif. Le premier bilan devra être
publié, et cette publication devra être transmise au
registre des sociétés.

ART. 100.

S'il arrive que le montant de l'actif de l'Union ne

suffise pas à couvrir les créanciers, la perte est d'abord
prise sur le fonds de réserve, et seulement après son
épuisement sur l'avoir des sociétaires. Si cette perte ne
comprend pas le montant total de l'avoir de tous les
sociétaires, elle devra être déduite proportionnellement
suivant le chiffre de l'avoir de ceux-ci. En aucun cas
le sociétaire n'a le droit de reprise pour un avoir d'une
certaine importance sacrifié par cette mesure, complètement ou partiellement, sur ceux des sociétaires qui y ont
participé pour des sommes inférieures, mais qui ont
effectué suivant l'art. 62 des statuts les paiements dus.

Art. 101.

Si après le règlement des dettes et de l'avoir des sociétaires il reste encore un solde, l'on distribue d'abord
les dividendes de la dernière année commerciale, et dans
ce cas les versements faits sur la part sociale depuis le
dernier bilan annuel n'entrent pas en considération.
Les excédents qui subsistent ensuite sont répartis par
tête ; mais cette répartition ne doit pas avoir lieu avant
l'amortissement ou le règlement des dettes, ni avant
l'expiration du délai d'une année à partir du jour auquel
la sommation aux créanciers aura été publiée pour la
troisième fois dans les journaux désignés à cet effet.

Art. 102.

Dans le cas où après faillite il resterait des excé-
dants après avoir donné satisfaction aux créanciers, ils
seraient également répartis d'abord sur l'avoir des sociétaires, et ensuite distribués comme dividendes,
et, dans ce cas, ce qui est prescrit plus haut pour la
liquidation est applicable pour le règlement.

Art. 103.

Mais si le bilan établit que, même après avoir sacrifié

le fonds de réserve et l'avoir social, le montant de l'actif de la masse est insuffisant pour pouvoir donner satisfaction aux créanciers, les liquidateurs devront alors proposer la déclaration de la faillite, sous leur propre responsabilité pour les paiements effectués après l'établissement du bilan.

Les publications de l'Union et les journaux destinés à cet effet.

Art. 104.

Toutes les publications et tous les avis relatifs aux opérations de l'Union, ainsi que les écrits engageant sa responsabilité, sont faits sous sa firme, et sont signés au moins de deux membres de la direction.

Art. 105.

Par contre, les convocations à l'assemblée générale, si elles émanent du conseil de surveillance, sont faites par le président du conseil de surveillance avec la signature :

Le conseil de surveillance de... *(Firme de l'Union)*.

N...,
Président.

Art. 106.

La publication des avis de l'Union a lieu dans le journal de....

Dans le cas où cette feuille cesserait sa publication, la direction est autorisée à en désigner une autre pour la remplacer, avec l'approbation du conseil de surveillance.

STATUTS

D'UNE

Association Française de Crédit Mutuel Agricole [1]

SOCIÉTÉ ANONYME A CAPITAL VARIABLE

Constitution.— Siège et durée de la Société

ART. 1".

Il est créé, entre les membres du Syndicat agricole de l'arrondissement ou du canton de .... adhérant aux présents statuts, une société anonyme à capital variable, sous le nom de : *Association de Crédit mutuel de......*

Elle a pour but de venir en aide spécialement aux cultivateurs honnêtes et laborieux, au moyen de prêts et d'escomptes, et de leur faciliter l'épargne en recevant leurs économies.

L'Association s'interdit formellement toute affaire de pure spéculation et toute opération avec d'autres qu'avec ses actionnaires.

[1] Crédit Mutuel Agricole de Poligny (Jura).— 1885.

La durée de la Société est fixée à trente ans, qui commenceront du jour où elle sera définitivement constituée.

Son siège est établi à. ...

Capital social.— Actions

Art. 2.

Le capital social est fixé à..... représenté par.... actions de cinq cents francs, dites actions de *fondateurs*. Il pourra, dans le cours de la première année, être élevé jusqu'à deux cent mille francs, par l'émission successive de nouvelles actions de cinq cents francs, ou de coupons d'actions de cinquante francs mis à la disposition des sociétaires qui seront ultérieurement admis.

Art. 3.

Le capital est susceptible d'augmentation ou de diminution, par la reprise totale ou partielle des apports effectués; néanmoins, il ne pourra jamais être réduit, par suite de reprises d'apports, à un chiffre inférieur à cinq mille francs.

L'assemblée générale qui décidera une augmentation de capital fixera en même temps les conditions auxquelles aura lieu l'émission des actions nouvelles, et notamment la somme à payer par les nouveaux actionnaires comme contribution au fonds de réserve.

Les actions de fondateurs ne pourront être remboursées par la Société qu'en cas de décès du titulaire ou de liquidation.

Art. 4.

Les actions ou coupons d'actions restent toujours

nominatifs , même après leur entière libération, conformément à l'article 50 de la loi du 24 juillet 1867. La négociation n'en peut être opérée valablement que par voie de transfert sur les registres de la Société.

La Société étant essentiellement une société de personnes, le conseil d'administration doit avoir agréé le transfert; il a toujours le droit de s'y opposer, sous quelque forme et pour quelque motif qu'il ait lieu.

Art. 5.

Les héritiers d'un actionnaire décédé sont considérés comme n'existant pas dans la Société jusqu'à ce qu'ils aient fait agréer par le conseil l'un d'entre eux pour les représenter.

S'ils ne le font pas, ils n'ont droit qu'au remboursement suivant le mode et les délais fixés en l'article 10, sans pouvoir requérir ni inventaire, ni aucune mesure conservatoire.

Il en est de même pour les représentants d'un actionnaire incapable ou absent, dans le sens légal du mot, et pour tous les co-propriétaires indivis d'une ou de plusieurs parts d'actions.

Art. 6.

Les actionnaires se divisent en deux catégories :

1° Ceux qui s'interdisent la faculté de demander des avances à la Société ; ils prennent le nom d'actionnaires-fondateurs ;

2° Ceux qui ne se sont pas interdit la faculté d'emprunter ; ils prennent le nom d'actionnaires-sociétaires. Cette deuxième catégorie aura seule le droit de demander des avances, dans le cas et sous les conditions déterminées par le conseil d'administration.

ART. 7.

Les actionnaires ne sont responsables que du montant des actions souscrites par eux.

ART. 8.

Le conseil d'administration propose à l'assemblée générale l'exclusion de tout actionnaire qui ne remplit pas fidèlement ses engagements envers la Société, ou qui est convaincu d'un acte pouvant faire mettre en doute sa solvabilité ou sa probité.

Le conseil d'administration peut aussi proposer l'exclusion d'un actionnaire qui viendrait à quitter l'arrondissement. L'assemblée générale statue en dernier ressort.

Dans le cas où le capital serait réduit au minimum fixé par l'article 3, l'actionnaire dont l'exclusion viendrait à être prononcée sera tenu de céder ses titres à un autre actionnaire au taux de la dernière émission.

ART. 9.

L'avoir d'un sociétaire exclu ne lui est remboursé qu'après l'approbation par l'assemblée générale des comptes de l'exercice courant. Toutefois, le conseil d'administration peut lui faire rembourser immédiatement la moitié de sa part telle qu'elle résulte du bilan de l'exercice précédent.

Le sociétaire exclu perd tout droit sur le fonds de réserve.

Les sommes versées par un actionnaire sur ses actions ou coupons d'actions seront affectées, le cas échéant, à la garantie, à titre de gage, de ce qu'il pourra devoir à la Société, et ne lui seront remboursées

qu'après acquittement de ses obligations envers celle-
ci, ou seront portées au crédit de son compte en déduction du solde débiteur. Dans aucun cas. les créanciers
d'un actionnaire ne pourront revendiquer les sommes
susdites avant que la Société ne soit désintéressée.

ART. 10.

Dans ces différents cas, les créances litigieuses sont
considérées comme perdues, et n'entrent pas plus que la
réserve en ligne de compte pour le règlement.

Administration de la Société

ART 11.

La Société est administrée par un conseil composé de
six membres au moins et de douze au plus, pris parmi
les actionnaires fondateurs.

Leurs actions sont inaliénables, frappées d'un timbre, et déposées dans la caisse sociale.

ART 12.

Les administrateurs sont nommés par l'assemblée
générale. Les fonctions des membres du premier conseil dureront jusqu'à l'assemblée générale qui se tiendra
dans les quatre premiers mois de l'année. Dans cette
assemblée, le conseil sera renouvelé intégralement, et,
à partir de ce moment, il sera soumis à un renouvellement annuel, par sixième, par un vote de l'assemblée
générale, à la majorité des voix. Le premier ordre de
sortie est réglé par le sort, les suivants par ancienneté.

Les administrateurs sont toujours rééligibles.

Art. 13.

En cas de démission ou de décès de l'un des administrateurs, il peut être provisoirement remplacé par le conseil, par voie d'élection, jusqu'à la plus prochaine assemblée générale.

Le membre ainsi nommé achève le terme de celui qu'il a remplacé.

Comme les autres administrateurs, il est rééligible.

Art. 14.

Les administrateurs ne sont responsables que de l'exécution du mandat qu'ils ont reçu ; ils ne contractent aucune obligation personnelle ou solidaire à raison de leur gestion, relativement aux obligations de la société.

Art. 15.

Le conseil d'administration nomme tous les ans son président et son secrétaire dans la première séance qui suit l'assemblée générale annuelle.

Il ne délibère valablement que si la moitié de ses membres est présente.

En cas de partage, la voix du président est prépondérante.

Le conseil se réunit tous les mois, ou plus souvent, si les circonstances l'exigent, sur la convocation du président. De plus, le conseil d'administration est tenu de se réunir sous trois jours lorsque trois de ses membres le demandent par écrit.

Art. 16.

Le conseil d'administration règle dans l'intérêt de

la Société tout ce que la loi ou les statuts n'attribuent pas à l'assemblée générale ; il statue sur l'admission des sociétaires et propose leur exclusion ; il fixe le maximum des avances à faire aux emprunteurs, et les conditions de leur remboursement ; il règle le service des dépôts, et détermine l'intérêt à payer aux déposants ; il dresse ou fait dresser tous les états de situation, tous les comptes ; il fournit toutes les justifications exigées par la loi ou destinées aux commissaires ou à l'assemblée générale.

Il peut contracter tous emprunts, avec ou sans hypothèque, jusqu'à concurrence du montant des actions souscrites par les fondateurs ; faire tous dépôts et retraits de fonds dans les caisses publiques ou autres, ainsi que tous transferts et conversion de titres; acheter et vendre, prendre ou donner à bail tous terrains et immeubles ; acheter et vendre tous objets mobiliers ; toucher toutes sommes qui pourront être dues à la Société à quelque titre que ce soit et en donner quittance ; plaider, transiger, compromettre, se concilier, nommer des arbitres et experts ; exercer toutes poursuites, faire tous actes conservatoires, intenter et suivre toutes actions judiciaires et autres, soit en demandant, soit en défendant, se désister de tous droits, déterminer le placement des fonds disponibles, faire tous désistements d'hypothèques, de privilèges et d'actions résolutoires, toutes mains-levées d'oppositions , saisies ou inscriptions, le tout avec ou sans paiement, déléguer tout ou partie de ses pouvoirs à l'un de ses membres, nommer et révoquer tous directeurs, employés et agents, déterminer leurs attributions et fixer leurs traitements, et généralement faire tout ce qui rentrera dans l'objet de la Société, quoique non formellement prévu aux présents statuts.

Art. 17.

Les délibérations du conseil sont constatées par des procès-verbaux inscrits sur un registre et signés par deux des administrateurs présents à la séance.

Les copies ou extraits de ces délibérations à produire en justice ou ailleurs sont certifiés par un administrateur. Foi est due à ces extraits.

Art. 18.

Les fonctions des administrateurs sont gratuites.

L'administrateur délégué, s'il en est nommé un, pourra recevoir des émoluments fixés par le conseil d'administration.

Commissaires

Art. 19.

L'assemblée générale nomme un ou plusieurs commissaires, rétribués ou non, chargés de faire à l'assemblée générale de l'année suivante un rapport sur la situation de la banque, sur le bilan et sur les comptes présentés par les administrateurs, et investis d'une manière générale de toutes les fonctions qui leur sont attribuées par la loi.

Ils peuvent notamment, en cas d'urgence, convoquer l'assemblée générale.

Ils sont rééligibles.

A défaut par l'assemblée générale de procéder à leur nomination ou en cas d'empêchement ou de refus de l'un ou de plusieurs des commissaires nommés, il est pourvu à leur nomination ou à leur remplacement par

ordonnance du président du Tribunal de Commerce,
à la requête de tous intéressés, les administrateurs
dûment appelés.

Assemblées générales

ART. 20.

Les assemblées générales se composent de tous les
actionnaires fondateurs et sociétaires, sous les réserves
stipulées dans l'article 26 ci-après.

Elles sont ordinaires ou extraordinaires.

ART. 21.

Elles sont convoquées par le conseil d'administration,
et sont présidées par le président du conseil, ou, en cas
d'empêchement, par un administrateur désigné par le
conseil.

La convocation doit être faite par lettre, au moins dix
jours avant la date fixée pour l'assemblée générale.

La lettre de convocation, signée par le secrétaire du
conseil, indique l'ordre du jour.

Le président constitue le bureau en y appelant les
deux plus forts actionnaires présents comme scrutateurs.

Le bureau nomme le secrétaire.

ART. 22.

Les délibérations sont prises à la majorité absolue des
voix, et obligent tous les actionnaires, même absents
ou dissidents.

En cas de partage, la voix du président est prépondérante.

Les délibérations sont constatées par des procès-verbaux inscrits sur un registre spécial et signés par le président et le secrétaire.

La justification à faire des délibérations de l'assemblée vis-à-vis des tiers résulte des copies ou extraits certifiés conformes par un des administrateurs.

Art. 23.

Les assemblées générales ordinaires ont lieu chaque année dans les quatre premiers mois, et, en outre, dans tous les cas d'urgence.

Art. 24.

Les assemblées générales extraordinaires sont convoquées toutes les fois que l'intérêt de la Société l'exige.

A ces assemblées extraordinaires sont réservées notamment les questions de modifications dans les statuts, de prorogation ou de dissolution de la Société.

Art. 25.

Les actionnaires participent tous à la délibération ; mais ne prennent part au vote que ceux qui étaient propriétaires d'une action, ou de dix coupons d'actions, trois mois avant la convocation de l'assemblée générale.

Chaque actionnaire a droit à autant de voix qu'il a d'actions ou de fois dix coupons d'actions, sans que nul puisse avoir plus de cinq voix, quel que soit le nombre d'actions ou de coupons d'actions dont il est porteur, soit comme propriétaire, soit comme mandataire.

Art. 26.

Les assemblées générales ordinaires délibèrent valablement lorsque le quart du capital social, tel qu'il existe au moment de la convocation, est dûment représenté, soit par les actionnaires en personne, soit par leurs mandataires.

Ces mandataires, qui seront toujours pris parmi les propriétaires de au moins une action ou dix coupons d'actions, doivent avoir un mandat écrit.

Une simple lettre suffit à cet effet ; elle est mentionnée au procès-verbal de la séance et conservée dans les archives de la Société.

Si le quart au moins du capital social n'est pas représenté, une nouvelle convocation à huit jours d'intervalle devient nécessaire.

Elle est rendue publique par la voie d'un journal d'annonces légales qu'aura désigné le conseil d'administration.

L'assemblée générale qui suit cette nouvelle convocation délibère valablement, quelle que soit l'importance du capital représenté, sur les objets à l'ordre du jour de la première réunion.

Art. 27.

Néanmoins, les assemblées générales qui auront pour objet la modification des statuts, la prorogation ou la dissolution de la Société, ne seront régulièrement constituées et ne délibèreront valablement, conformément à l'article 31 de la loi du 24 juillet 1867, qu'autant qu'elles seront composées d'un nombre d'actionnaires représentant la moitié au moins du capital social, tel qu'il existera au moment de la convocation.

Les délibérations sont prises à la majorité absolue ; toutefois, la dissolution ne peut être votée que par une majorité comprenant les deux tiers au moins des voix présentes ou représentées.

Inventaires — Répartitions

Art. 28.

Il sera dressé chaque année un inventaire au 31 décembre.

Le premier exercice comprendra tout le temps à courir du jour de la constitution de la Société jusqu'au 31 décembre....

Art. 29.

Chaque année, après l'approbation par l'assemblée générale des comptes de l'exercice précédent, le bénéfice net disponible, diminué seulement de la retenue affectée à la réserve, est réparti entre tous les actionnaires, au prorata du nombre de leurs actions ou parts d'actions.

Néanmoins, les actions de fondateurs ne recevront jamais plus de trois pour cent; et si le dividende à distribuer aux actionnaires-sociétaires est supérieur à cinq pour cent, le conseil d'administration aura la faculté de constituer, avec l'excédent, une réserve extraordinaire dont l'emploi sera réglé par lui dans l'intérêt des membres de la Société.

Art. 30.

Les dividendes et intérêts sont payés annuellement au siège de la Société, à partir du jour fixé par le conseil d'administration.

Il sont payés valablement au porteur du titre.

Tout dividende ou intérêt non réclamé dans les cinq ans de son exigibilité est prescrit au profit de la Société.

Réserve

Art. 31.

Il sera exercé chaque année, sur les bénéfices nets et avant toute distribution, une retenue dont le chiffre sera fixé par l'assemblée générale, pour constituer un fonds de réserve.

Cette retenue sera de 5 %, au moins, et cessera d'être obligatoire quand le fonds de réserve aura atteint le quart du capital social nominal.

L'emploi des capitaux constituant le fonds de réserve est réglé par le conseil d'administration.

Dissolution de la Société. – Liquidation

Art. 32.

La Société n'est pas dissoute par la mort, l'absence, la retraite, la faillite ou la déconfiture d'un ou de plusieurs associés; elle continue avec les autres associés.

La dissolution peut être demandée avant l'expiration des termes fixé par les statuts, si par suite de pertes successives, le capital se trouve réduit à moins de . . ., ou si le nombre des associés se trouve être depuis plus d'une année inférieur à sept.

Art. 33.

En cas de dissolution, l'assemblée générale nomme, à la simple majorité des voix, un ou plusieurs liquidateurs chargés de réaliser et de répartir le capital social conformément à ses résolutions, ou de faire à une autre société le transport ou l'apport des droits et engagements de la Société dissoute.

Pendant la durée de la liquidation, les pouvoirs de l'assemblée générale se continuent; mais la nomination du liquidateur met fin aux pouvoirs des administrateurs.

La dernière répartition devra être annoncée par le liquidateur au moyen d'une insertion dans le journal désigné, conformément à l'article 27; les actionnaires seront tenus de se présenter pour toucher, dans les cinq ans qui suivront cette insertion. Passé ce délai, la liquidation sera close, et ceux qui ne se seraient pas présentés seront déchus de tous leurs droits, et leur part de l'actif social fera l'objet d'une répartition supplémentaire entre les autres actionnaires.

Contestations. — Arbitrage

ART. 34.

En cas de contestation, tout actionnaire doit faire élection de domicile à . . . . Toutes notifications et assignations sont valablement faites au domicile élu, sans égard à la distance du domicile réel, et, à défaut d'élection de domicile, au parquet du tribunal de . . . .

STATUTS

D'UNE

BANQUE POPULAIRE AGRICOLE FRANÇAISE[1]

Société anonyme coopérative à capital variable

Constitution, siège et durée de la Société

ARTICLE 1er

Il est créé entre tous ceux qui ont adhéré ou adhéreront aux présents statuts, une société anonyme coopétive, à capital variable, sous le nom de : *Banque Populaire Agricole de* ...

L'Association a pour but de venir en aide spécialement aux cultivateurs honnêtes et laborieux du canton de ..., au moyen de prêts et d'escomptes, et de leur faciliter l'épargne.

Elle s'interdit formellement toute affaire de pure spéculation et toute opération avec d'autres qu'avec ses actionnaires. Elle pourra, néanmoins, accepter les dépôts faits par des tiers.

La durée de la société est fixée à cinquante ans, qui commenceront du jour où elle sera définitivement constituée.

Son siège est établi à ...

---

(1) Banque populaire de St Florent-sur-Cher. — 1891.

Capital social. — Actions

ART. 2

Le capital social est fixé à cinq mille sept cents francs, représenté par cent quatorze actions de cinquante francs. Il pourra, dans le cours de la première année, et par décision du conseil d'administration, être élevé jusqu'à deux cent mille francs, par l'émission successive de nouvelles actions de cinquante francs, mises à la disposition des sociétaires qui seront ultérieurement admis.

ART. 3

Le capital est susceptible d'augmentation ou de diminution par la reprise totale ou partielle des apports effectués ; néanmoins, il ne pourra jamais être réduit, par suite de reprises d'apports, à un chiffre inférieur à quatre mille francs.

Le conseil d'administration, qui décidera une augmentation de capital, fixera en même temps les conditions auxquelles aura lieu l'émission des actions nouvelles, et, notamment, la somme à payer par les nouveaux actionnaires comme contribution au fonds de réserve.

ART. 4

Les actions restent toujours nominatives, même après leur entière libération, conformément à l'article 50 de la loi du 24 juillet 1867. La négociation n'en peut être opérée valablement que par voie de transfert sur les registres de la société.

La société étant essentiellement une société de personnes, le conseil d'administration doit avoir agréé le transfert ; il a toujours le droit de s'y opposer, sous quelque forme et pour quelque motif qu'il ait lieu.

Les nouveaux adhérents devront être agréés par le conseil d'administration.

Art. 5.

Les héritiers d'un actionnaire décédé sont considérés comme n'existant pas dans la société jusqu'à ce qu'ils aient fait agréer par le conseil l'un d'entre eux pour les représenter.

S'ils ne le font pas, ils n'ont droit qu'au remboursement, suivant le mode et les délais fixés en l'art 8, sans pouvoir requérir ni inventaire, ni aucune mesure conservatoire.

Il en est de même pour les représentants d'un actionnaire incapable ou absent, dans le sens légal du mot, et pour tous les co-propriétaires indivis d'une ou de plusieurs parts d'actions.

Art. 6.

Les actionnaires ne sont responsables que du montant des actions souscrites par eux.

Art. 7.

Le conseil d'administration propose à l'assemblée générale l'exclusion de tout actionnaire qui ne remplit pas fidèlement ses engagements envers la société, ou qui est convaincu d'un acte pouvant faire mettre en doute sa solvabilité ou sa moralité.

L'assemblée générale statue en dernier ressort.

Dans le cas où le capital serait réduit au minimum fixé par l'art. 3, l'actionnaire dont l'exclusion viendrait à être prononcée ne pourra céder ses titres qu'à un autre actionnaire ou à toute autre personne agréée comme sociétaire par le conseil d'administration. Cette cession a lieu au taux de revient des actions, d'après le dernier inventaire social, sans toutefois qu'il puisse être inférieur au taux de la dernière émission.

Art. 8.

L'avoir d'un sociétaire démissionnaire ou exclu ne lui est remboursé que six mois après le dernier inventaire et après l'approbation par l'assemblée générale des comptes de l'exercice courant.

Le sociétaire démissionnaire ou exclu perd tout droit sur le fonds de réserve.

Les sommes versées par un actionnaire sur ses actions seront affectées, le cas échéant, à la garantie, à titre de gage, de ce qu'il pourra devoir à la société, et ne lui seront remboursées qu'après acquittement de ses obligations envers celle-ci, ou seront portées au crédit de son compte en déduction du solde débiteur. Dans aucun cas, les créanciers d'un actionnaire ne pourront revendiquer les sommes susdites avant que la société ne soit désintéressée.

Administration de la Société.

Art. 9.

La société est administrée par un conseil, composé de six ou neuf membres, élus parmi les actionnaires.

Leurs actions sont inaliénables, frappées d'un timbre et déposées dans la caisse sociale.

Art. 10.

Les administrateurs sont nommés par l'assemblée

générale. Les fonctions des membres du premier conseil dureront jusqu'à l'assemblée générale qui se tiendra dans les quatre premiers mois de l'année 1892. Dans cette assemblée, le conseil sera renouvelé intégralement, et, à partir de ce moment, il sera soumis à un renouvellement annuel, par tiers, par un vote de l'assemblée générale, à la majorité des voix. Le premier ordre de sortie est réglé par le sort, le suivant par ancienneté.

Les administrateurs sont toujours rééligibles.

ART. 11.

En cas de démission ou de décès de l'un des administrateurs, il peut être provisoirement remplacé par le conseil, par voie d'élection, jusqu'à la plus prochaine assemblée générale.

Comme les autres administrateurs, il est rééligible.

ART. 12.

Les administrateurs ne sont responsables que de l'exécution du mandat qu'ils ont reçu ; ils ne contractent aucune obligation personnelle ou solidaire à raison de leur gestion, relativement aux obligations de la société.

ART. 13.

Le conseil d'administration nomme tous les ans son président et son secrétaire dans la première séance qui suit l'assemblée générale annuelle.

Il délibère valablement si trois au moins de ses membres sont présents.

En cas de partage, la voix du président est prépondérante.

Le conseil se réunit tous les mois, ou plus souven t si

les circonstances l'exigent, sur la convocation du président. De plus, le conseil d'administration est tenu de se réunir sous trois jours lorsque trois de ses membres le demandent par écrit.

Art. 14

Le conseil d'administration règle dans l'intérêt de la société tout ce que la loi ou les statuts n'attribuent pas à l'assemblée générale ; il statue sur l'admission des sociétaires et propose leur exclusion ; il fixe le maximum des avances à faire aux emprunteurs et les conditions de leur remboursement ; il règle le service des dépôts et détermine l'intérêt à payer aux déposants ; il dresse ou fait dresser tous les états de situation, tous les comptes ; il fournit toutes les justifications exigées par la loi ou destinées aux commissaires ou à l'assemblée générale.

Il peut faire tous dépôts ou retraits de fonds dans les caisses publiques ou autres, ainsi que tous transferts et conversions de titres ; prendre à bail tous terrains et immeubles ; acheter et vendre tous objets mobiliers ; toucher toutes sommes qui pourront être dues à la société à quelque titre que ce soit, et en donner quittance ; plaider, transiger, compromettre, se concilier, nommer des arbitres et experts ; exercer toutes poursuites, faire tous actes conservatoires, intenter et suivre toutes actions judiciaires et autres, soit en demandant, soit en défendant, se désister de tous droits, déterminer le placement des fonds disponibles, faire tous désistements d'hypothèques, de privilèges et d'actions résolutoires, toutes main-levées d'oppositions, saisies ou inscriptions, le tout avec ou sans paiement, déléguer tout ou partie de ses pouvoirs à l'un de ses membres ;

nommer et révoquer tous directeurs, employés et
agents, déterminer leurs attributions et fixer leurs traitements, et généralement faire tout ce qui rentrera dans
l'objet de la société, quoique non formellement prévu
aux présentes.

Art. 15

Les délibérations du conseil sont constatées par des
procès-verbaux inscrits sur un registre et signés par deux
des administrateurs présents à la séance.

Les copies ou extraits de ces délibérations à produire
en justice ou ailleurs sont certifiés par le président, ou à
son défaut par un administrateur. Foi est due à ces
extraits.

Art. 16

Les fonctions des administrateurs sont gratuites.

L'administrateur délégué, s'il en est nommé un,
pourra recevoir des émoluments fixés par le conseil
d'administration.

Commissaires

Art. 17

L'assemblée générale nomme un ou plusieurs commissaires non rétribués, chargés de faire à l'assemblée
générale de l'année suivante un rapport sur la situation
de la banque, sur le bilan et sur les comptes présentés
par les administrateurs, et investis d'une manière générale de toutes les fonctions qui leur sont attribuées par la
loi.

Ils peuvent notamment, en cas d'urgence, convoquer
l'assemblée générale.

Ils sont rééligibles.

A défaut, par l'assemblée générale, de procéder à leur nomination, ou en cas d'empêchement ou de refus de l'un ou de plusieurs des commissaires nommés, il est pourvu à leur nomination ou à leur remplacement par ordonnance du président du tribunal de commerce, à la requête de tous intéressés, les administrateurs dûment appelés.

Assemblées générales

ART. 18

Les assemblées générales se composent de tous les actionnaires, dont les droits sont déterminés en l'article 23 ci-après.

Elles sont ordinaires ou extraordinaires.

ART. 19

Elles sont convoquées par le conseil d'administration et sont présidées par le président du conseil, ou, en cas d'empêchement, par un administrateur désigné par le conseil.

La convocation doit être faite par lettre, au moins dix jours avant la date fixée par l'assemblée générale.

La lettre de convocation, signée par le secrétaire du conseil, indique l'ordre du jour.

Le président constitue le bureau en y appelant les deux plus forts actionnaires présents comme scrutateurs. Le bureau ainsi constitué choisit le secrétaire.

ART. 20

Les délibérations sont prises à la majorité absolue

des voix et obligent tous les actionnaires, même absents ou dissidents.

En cas de partage, la voix du président est prépondérante.

Les délibérations sont constatées par des procès-verbaux inscrits sur un registre spécial et signés par le président et le secrétaire.

La justification à faire des délibérations de l'assemblée, vis-à-vis des tiers, résulte des copies ou extraits certifiés conformes par le président, ou, à son défaut, par un des administrateurs.

Art. 21

Les assemblées générales ordinaires ont lieu chaque année dans les quatre premiers mois, et, en outre, dans tous les cas d'urgence.

Art. 22.

Les assemblées générales extraordinaires sont convoquées toutes les fois que l'intérêt de la société l'exige.

A ces assemblées générales extraordinaires sont réservées, notamment, les questions de modification dans les statuts, de prorogation ou de dissolution de la société.

Art. 23.

Tous les actionnaires participent aux délibérations, mais ne prennent part aux votes que ceux qui étaient sociétaires trois mois au moins avant la convocation de l'assemblée générale.

Chaque actionnaire n'a droit qu'à une seule voix, plus à autant de voix qu'il représente d'actionnaires, sans qu'aucun puisse avoir plus de cinq voix, quel que soit le nombre d'actions dont il est porteur, soit comme propriétaire, soit comme mandataire.

Art. 24.

Les assemblées générales ordinaires délibèrent valablement lorsque le quart du capital social, tel qu'il existe au moment de la convocation, est dûment représenté soit par les actionnaires en personne, soit par leurs mandataires.

Ces mandataires, qui seront toujours pris parmi les sociétaires, doivent avoir un mandat régulier.

Si le quart au moins du capital social n'est pas représenté, une nouvelle convocation, à huit jours d'intervalle, devient nécessaire. Elle est rendue publique par la voie d'un journal d'annonces légales qu'aura désigné le conseil d'administration.

L'assemblée générale qui suit cette nouvelle convocation délibère valablement, quelle que soit l'importance du capital représenté, sur les objets à l'ordre du jour de la première réunion.

Art. 25.

Néanmoins, les assemblées générales qui auront pour objet la modification des statuts, la prorogation ou la dissolution de la société, ne seront régulièrement constituées et ne délibèreront valablement, conformément à l'article 31 de la loi du 24 juillet 1867, qu'autant qu'elles seront composées d'un nombre d'actionnaires représentant la moitié au moins du capital social tel qu'il existera au moment de la convocation.

Les délibérations sont prises à la majorité absolue ; toutefois la dissolution ne peut être votée que par une majorité comprenant les deux tiers au moins des voix présentes ou représentées.

Inventaires. — Répartitions

ART. 26

Il sera dressé chaque année un inventaire au 31 décembre.

Le premier exercice comprendra tout le temps à courir du jour de la constitution de la société jusqu'au 31 décembre 1891.

ART. 27

Chaque année, après l'approbation par l'assemblée générale des comptes de l'exercice précédent, le bénéfice net disponible, diminué seulement de la retenue affectée à la réserve, est répartie entre tous les actionnaires, au prorata du nombre de leurs actions, sans que cette répartition puisse dépasser l'intérêt calculé à cinq pour cent.

Le conseil d'administration devra constituer, avec la moitié de l'excédent, une réserve extraordinaire, dont l'emploi sera réglé par lui, dans l'intérêt des membres de la société L'autre moitié sera distribuée entre tous les actionnaires, à titre de dividende supplémentaire.

ART. 28

Les dividendes sont payés annuellement au siège de la société, à partir du jour fixé par le conseil d'administration.

Ils sont payés valablement au porteur du titre.

Tout dividende non réclamé dans les cinq ans de son exigibilité est prescrit au profit de la société.

Réserve

ART. 29

Il sera exercé chaque année, sur les bénéfices nets et avant toute distribution, une retenue de cinq pour cent pour constituer un fonds de réserve.

L'emploi des capitaux constituant le fonds de réserve est réglé par le conseil d'administration.

Dissolution de la Société. — Liquidation

ART. 30

La société n'est pas dissoute par la mort, l'absence, la retraite, la faillite ou la déconfiture d'un ou de plusieurs des associés ; elle continue avec les autres associés.

La dissolution peut être demandée avant l'expiration du terme fixé par les statuts :

si, par suite de pertes successives, le capital social se trouve réduit à moins de trois mille francs ;

ou si le nombre des associés se trouve être depuis plus d'une année inférieur à sept.

ART. 31

En cas de dissolution, l'assemblée générale nomme, à la simple majorité des voix, un ou plusieurs liquidateurs, chargés de réaliser et de répartir le capital social et les réserves entre tous les actionnaires conformément à ses résolutions, ou de faire à une autre société le transport ou l'apport des droits et engagements de la société dissoute.

Pendant la durée de la liquidation, les pouvoirs de

l'assemblée générale se continuent ; mais la nomination du liquidateur met fin aux pouvoirs des administrateurs.

La dernière répartition devra être annoncée par le liquidateur au moyen d'une insertion dans un journal désigné conformément à l'art. 24 ; les actionnaires seront tenus de se présenter pour toucher dans les cinq ans qui suivront cette insertion. Passé ce délai, la liquidation sera close, et ceux qui ne se seraient pas présentés seront déchus de tous leurs droits, et leur part de l'actif social fera l'objet d'une répartition supplémentaire entre les autres actionnaires.

Contestations. — Arbitrages

Art. 32

En cas de contestation, tout actionnaire doit faire élection de domicile à ... Toutes notifications et assignations sont valablement faites au domicile élu, et, à défaut d'élection de domicile, au parquet du tribunal de...

RÈGLEMENT D'ADMINISTRATION

D'UNE BANQUE POPULAIRE AGRICOLE (¹)

Associés.

ARTICLE 1ᵉʳ.

Des conseils d'escompte, composés d'actionnaires désignés par le conseil d'administration, sont établis partout où l'éloignement du siège social rend leur fonctionnement nécessaire à la bonne administration de la société.

Ils sont chargés chacun dans sa circonscription, de faire des enquêtes sur les demandes d'admission des nouveaux sociétaires, et donnent leur avis sur le maximum de crédit à accorder aux emprunteurs.

ART. 2.

Tout candidat sociétaire doit faire une demande écrite au conseil d'administration, qui statue dans le plus court délai possible. Cette demande indique les noms, prénoms, âge, profession, domicile, état-civil du postulant.

ART. 3.

Le nouveau sociétaire doit, dans la huitaine qui suit

(1) Même Banque populaire de St-Florent-sur-Cher.

l'avis de son admission, souscrire au moins une action de 50 francs. Les versements sur les actions souscrites doivent être faits de la manière suivante : 10 francs par action en souscrivant et 15 francs dans le courant de l'année.

Opérations de la Société.

Art. 4.

Les principales opérations de la société sont :

Faire des prêts sur billets signés par l'emprunteur et par un donneur d'aval, ou sur première hypothèque ;

Escompter les effets de commerce revêtus de deux signatures ;

Faire des prêts sur dépôts de titres, jusqu'à 80 % de leur valeur ;

Recevoir des dépôts à échéance fixe ;

Opérer le recouvrement des effets sur ...

Art. 5.

Les demandes de prêts doivent être faites par écrit au conseil d'administration et énoncer la cause du prêt. L'emploi des fonds doit être justifié dans le délai d'un mois. A défaut de quoi, la somme souscrite au profit de la société devient immédiatement exigible.

Art. 6.

L'échéance des prêts ou effets de commerce ne devra pas dépasser 90 jours. Le conseil pourra accorder des renouvellements, mais à condition qu'à chaque fois le total de la somme empruntée soit diminué d'un quart.

Le renouvellement pourra être accordé par exception pour le total de la somme souscrite, lorsque le prêt aura pour objet l'acquisition d'animaux destinés à l'embouche.

Les demandes de renouvellement devront être adressées au siège social quinze jours avant l'échéance.

Art. 7.

Les emprunteurs doivent déposer leurs actions en nantissement dans la caisse de la société, jusqu'au solde de leurs opérations.

Art. 8.

Le maximum du prêt à un sociétaire est fixé à 600 francs, et le taux d'intérêt à 1 °/₀ au-dessus du taux d'escompte de la Banque de France, lorsque le prêt aura pour objet l'acquisition de bétail, semences ou engrais.

Lorsque le prêt sera fait pour d'autres causes, le taux d'intérêt sera de 5 °/₀, et le maximum élevé jusqu'à 2,000 francs.

Le prêt ayant pour objet l'acquisition d'animaux destinés à l'embouche pourra par exception atteindre 2,000 francs, le taux d'intérêt restant fixé à 1 °/₀ au-dessus du taux d'escompte de la Banque de France.

Dans ce cas, les animaux doivent être assurés contre la mortalité du bétail à une compagnie agréée par le conseil.

Art. 9.

Les prêts faits sur première hypothèque pourront être accordés pour dix ans, et le taux d'intérêt est fixé à 4 °/₀ par an.

L'intérêt des dépôts est fixé à 2 1/2 °/₀ pour les dépôts à trois mois, à 3 °/₀ pour ceux à six mois, et à 3 1/2 °/₀ pour les dépôts à un an.

Administration.

Art. 10.

L'administrateur délégué représente la société vis-à-vis des tiers pour l'exécution des décisions du conseil et de l'assemblée générale.

Il est révocable par le conseil.

Le conseil lui délègue tous ses pouvoirs, sauf les réserves stipulées en l'article suivant.

L'administrateur délégué devra, autant que possible, n'exercer ces droits qu'après avis du conseil, sauf les cas d'urgence.

Art. 11.

A moins d'une délégation spéciale à chaque affaire, le conseil se réserve les admissions et les propositions d'exclusion des sociétaires, la fixation du maximum des avances à faire aux emprunteurs et des conditions de remboursement, la fixation du taux d'intérêt.

Art. 12.

Les titres devront être signés par deux administrateurs. Il en sera de même des transferts.

Art. 13.

Le présent Règlement pourra toujours être modifié par décision du conseil d'administration.

VŒUX DES CONGRÈS

DES SOCIÉTÉS COOPÉRATIVES FRANÇAISES DE CRÉDIT

Iᵉʳ CONGRÈS (MARSEILLE)

Le 4 mai 1889

Émet le vœu que des solutions pratiques du problème du crédit agricole soient enfin abordées en France par l'initiative privée, par la formation d'associations coopératives rurales de crédit d'après les types du Crédit mutuel de Poligny (Jura), des caisses Raiffeisen, Wollemborg ou autres, et de préférence *latéralement aux syndicats* agricoles déjà existants.

IIᵉ CONGRÈS (MENTON)

Le 16 avril 1890

Émet l'avis que les moyens d'organiser pratiquement en France le crédit agricole doivent être recherchés dans les solutions d'initiative libre et locale, savoir : 1° la création de succursales, agences ou comptoirs de banques populaires urbaines déjà existantes, dans les localités agricoles de leur département ou de leur région ; 2° la constitution, dans les centres d'activité agricole, et de préférence *latéralement* aux syndicats agricoles déjà existants, de coopératives locales de crédit mises en rapport avec les banques populaires urbaines ; recommandant aux institutions visées par les deux précédents paragraphes d'établir des comités de surveillance chargés de contrôler l'usage que les emprunteurs feront des avances, et d'échelonner les avances selon les besoins.

IIIe CONGRÈS (BOURGES)

Le 9 avril 1891

La proposition de loi de M. Méline ayant pour objet la transformation facultative des syndicats agricoles en sociétés de crédit aurait pour premier effet, si elle était votée, de remettre en question pour les syndicats qui ne se transformeraient pas, et même pour ceux qui se transformeraient, les droits qu'ils exercent en vertu de la loi du 21 mars 1884. Elle serait insuffisante en outre pour conférer aux syndicats qui se transformeraient une base financière et une situation juridique de nature à inspirer confiance aux détenteurs de capitaux, dont le concours leur serait nécessaire à défaut de la solidarité illimitée qu'il est impossible d'introduire en France dans les syndicats.

La législation existante permet aux syndicats de réaliser les institutions coopératives de crédit par la création *à côté d'eux* de caisses agricoles de crédit mutuel, établies sous la forme de sociétés à capital variable et par application de la loi du 24 juillet 1867.

Il faut chercher les moyens de faciliter l'usage du crédit aux agriculteurs dans la création d'institutions coopératives locales de crédit, soit banques mutuelles agricoles, soit succursales ou comptoirs de banques populaires urbaines, soit même caisses rurales à responsabilité illimitée quand l'état des mœurs le permettra.

APPENDICE

UNE VISITE

À TROIS CAISSES RURALES

ET À UNE BANQUE POPULAIRE À CARACTÈRE AGRICOLE

(Extrait de l'ouvrage *Une visite à quelques Institutions de prévoyance en Italie,* par M. Eugène Rostand, Paris, Guillaumin, 1891).

.... Le programme de notre voyage avait rattaché à Padoue une visite à quelques-unes des *Casse Rurali di Prestiti* dont l'origine est récente, 1883. C'est en Vénétie, en effet, qu'elles se sont constituées ; et quoi de plus intéressant pour nous, qui en sommes toujours à disserter sur la possibilité d'être d'un crédit agricole quelconque, que de le voir pratiqué hier par les banques populaires urbaines et les caisses d'épargne, demain par un type de banque populaire rurale, maintenant sous cette forme neuve et particulière ? C'est en outre à Padoue que réside, lui aussi, le promoteur des *Casse Rurali.* Léon Wollemborg a 31 ans à peine. D'abord épris de philosophie et de science, il débutait en 1882 par une théorie de la *Valeur.* Par quelles causes est-il devenu un agissant ? Sans doute par l'attention prêtée à la vie des paysans dans le village où se trouve son domaine domestique, par la réflexion qui porte tant d'hommes cultivés de notre fin de siècle vers les questions sociales et les pousse non satisfaits d'idée pure vers l'action, par l'étude comparée de l'étranger. Intelligence où se mêlent des tendances allemandes et italiennes, chercheuse et pénétrante, il est particulièrement frappé par l'œuvre qu'a tentée depuis 1849 sur le Rhin Fred.-Guil. Raiffeisen; il en tire une adaptation aux mœurs et aux lois ambiantes; il s'essaye à l'appliquer dans son petit centre, à Loreggia, puis se jette dans un apostolat, écrivant, voyageant, donnant des conférences, recrutant des adeptes, semant ses coopératives spéciales et des cercles agricoles, qui en quelques années se multiplient.

Ce que sont les *Caisses Rurales de prêts,* il l'a expliqué en des écrits répétés, notamment pour des Français dans son remarquable *Rapport pour l'Exposition de Paris sur les Caisses Rurales italiennes* (Rome 1889), et dans la conférence élégamment savante qu'il donna le 17 avril 1890 au congrès de Menton. Nous renvoyons nos lecteurs à ces documents, où l'austérité du sujet se dérobe sous une attrayante finesse de déductions économiques, morales, je dirais presque psychologiques. Ce qui doit trouver place ici, ce sont seulement les observations de notre enquête directe sur place dans les trois localités choisies par une sorte de méthode d'épreuves, Vigonovo, Abano, Loreggia.

Vigonovo.

L'excursion aux *Casse Rurali* rayonnera autour de Padoue. Nous partons le matin, guidés par M. Léon Wollemborg; un administrateur de la *Banque Populaire* de Padoue, M. Lucchetta, est de la partie, ainsi qu'un représentant de la presse locale, observateur délié, causeur original et spirituel, M. Mantovani, rédacteur de l'*Euganeo*. Notre première étape est Vigonovo, commune agricole de 3150 habitants, à 11 kil. de Padoue, aux confins des provinces de Padoue et de Venise. La population est accourue à notre rencontre, jugez avec quelle fierté de sa Caisse Rurale qu'on vient voir de si loin! Je me rappelle avec charme cette scène pittoresque : notre descente de voiture sur la route, la foule des paysans qui nous entoure et nous serre les mains. On nous présente rapidement le conseil d'administration, le président M. J.-B. de Castello, avocat, le vice-président M. Alex.

Zanon, qui est avec son fils l'âme de l'œuvre, M. J. Cogo, le curé don Panozzo. Tous ensemble nous nous remettons en chemin, chacun jasant avec ses voisins. Comme je félicite don Pietro Panozzo de son concours à une institution de ce genre, et dont le fondateur est israélite (comme Luzzatti du reste), ce prêtre éclairé et modeste m'atteste les bienfaits moraux réalisés. Le clergé intelligent et patriote de la Vénétie a aidé partout ainsi M. Wollemborg ; c'est un exemple d'esprit progressiste et large, qu'il n'est peut-être pas inutile de livrer aux méditations de notre clergé français.

La cordiale troupe arrive ainsi à Vigonovo ; nous sommes reçus dans la salle du Municipe, où est établie la *Cassa*, gratuitement bien entendu. M. L. Wollemborg souhaite la bienvenue aux délégués en termes élevés ; il veut bien rappeler ce que je dis à Marseille des Caisses Rurales au Congrès de 1889 ; il nous promet que nous allons voir en effet pauvres et riches rapprochés, l'union des classes refaite, cet idéal coopératif réalisé, *aider les moins heureux à s'aider euxmêmes et à s'entr'aider*. Sur son invitation, renseignés par le président, par M. A. Zanon, par son fils M. Hermén. Zanon, ingénieur qui a accepté les fonctions de *ragioniere* de l'association, nous nous mettons à examiner de quels besoins elle a surgi, quel en est le but, de quelle façon elle fonctionne.

Nous sommes ici dans une contrée essentiellement agricole. Le régime est le fermage, à durée généralement peu étendue. La maladie de l'absentéisme sévit parmi les propriétaires, atténuée depuis quelque temps par la crise agraire et la cherté de la vie urbaine qui ramènent un peu plus la bourgeoisie aux champs. La grande et la moyenne propriété dominent. Les cultivateurs ou *contadini* peuvent se classifier en trois catégories : les petits propriétaires (peu nombreux, à la différence du Frioul, des arrondissements de Vicence, de Bellune), possédant une maison avec 4 *campi* (le *campo* a 3,862 m. c.), jouissant d'une certaine aisance, et dont la couche inférieure cumule avec la culture un autre métier, celui de maçon, de menuisier, de forgeron, ou ajoute à sa terre un lopin loué ; les *massariotti*, qui prennent en location une *campagna* ou 12 *campi*, l'exploitent avec leurs familles nombreuses et patriarcales, et ont à eux souvent une paire de bœufs ; les *chiusuranti,* fermiers d'une *chiusura* (de 1 à 12 *campi). Chiusuranti*, et même *massariotti* fréquemment, sont obligés d'emprunter des bestiaux : les Caisses Rurales ont permis à beaucoup d'en acheter. D'une manière générale elles les ont délivrés de l'usure.

C'est en 1883 que frappé des maux dont étaient travaillées ces populations, isolement découragé, manque de ressources, cherté cruelle du crédit, absence des maîtres, Léon Wollemborg entama son entreprise, par Loreggia où nous devons aller. Les résultats immédiats s'ébruitèrent, la propagande commença, la diffusion s'opéra d'elle-même. D'ici de là le promoteur était appelé, tantôt par un propriétaire moins indifférent, tantôt par le *sindaco* ou le curé. La deuxième *Cassa* fut installée à Cambiano, dans la province de Florence, dès 1884; puis la même année vinrent Trebaseleghe près Loreggia, Fragnigola, et Pravisdomini dans le Frioul, en 1885 Buttrio, Sant'Angelo di Piove, Camposanmartino, Vigonovo. A Vigonovo, où nous voici, la maladie de la vigne, qui est la principale culture, l'avilissement du prix des produits, l'augmentation des impôts qui est une des fautes des gouvernants italiens, les conditions alourdies des baux à cheptel inévitables pour les paysans qui ne possédaient pas de bêtes, avaient gâté une situation antérieurement satisfaisante. Et la gêne empirant livrait de plus en plus aux abus des usuriers... Encore que notre peuple rural en France souffre heureusement beaucoup moins de ce fléau, il ne faut pas l'en croire sauf, et qu'il ne nous intéresse point de voir comment on s'en affranchit. L'usure existe chez nous, quitte à prendre souvent des formes indirectes. C'est ainsi que dans notre Midi, en Vaucluse, dans les Basses-Alpes, elle se dissimule sous le courtage et les majorations d'achats; tel vendeur de tourteaux à huit ou dix mois se transforme en acheteur de pommes de terre à vil prix, et par cette voie l'intérêt montera à 25 °/₀; on me citait naguère tel engrais cédé par un syndicat à f. 9, et qui se revend dans le même village à 13 f. 50 à dix mois.

De cet état de choses naquit l'institution nouvelle à Vigonovo. Voyons comment, et sur ses humbles livres comme par
le témoignage vivant de ses affiliés, constatons ce qu'elle a
fait.

Renseignés sur les maux dont souffrait cette population, il
nous suffit de regarder qui administre la *Cassa Rurale* de
Vigonovo pour en reconstituer l'origine : des propriétaires de
la localité, le curé, le médecin, le secrétaire municipal. Elle
naquit des mêmes besoins que ses aînées, et de l'exemple
fourni, grâce à l'initiative de ces capacités et de ces bonnes
volontés. On constitua l'association le 21 juin 1885 par des
statuts notariés(1), sur le type commun tracé par M. Wollemborg, et qu'il perfectionne seulement des modifications indiquées par l'expérience. Les caractères sont semblables partout : pas de capital-actions, partant pas de dividendes ;
solidarité absolue et limitation territoriale, ce qui revient à
dire responsabilité illimitée mais qui se meut dans un cercle
très limité, la commune ou la paroisse, et jusqu'à concurrence d'un maximum assigné par l'assemblée générale ; la
société ayant pour organes l'assemblée des *soci,* un conseil
de 5 membres, une commission de 5 syndics, un comptable-
caissier ; l'affectation des bénéfices à former un patrimoine-
réserve au partage duquel nul n'a droit, et qui en cas de
dissolution irait à la *congregazione di carità* locale ou au
municipe, pour le principal être conservé en vue du cas où
revivrait une institution analogue, et les intérêts se distribuer
en œuvres de bienfaisance.

On ouvre le coffre-fort sous nos yeux : c'est une petite boîte
de bois blanc, qui renferme 45 l. ; la simplicité est un des
traits de ces institutions, et nous manque en France. — Nous
feuilletons registres et livres. — Voici le livre des *soci :* on
en a admis 32 dans l'année ; 1 est mort, 1 a été exclu par
suite de condamnation, mais s'est acquitté ; on était 40 au
début, on est aujourd'hui 165, presque autant que de chefs

(1) Voir plus haut un type de ces statuts.

de famille dans la localité. — Voici les procès-verbaux des assemblées et des séances du conseil, tenus par le secrétaire communal. Le conseil se réunit deux fois par mois : ses délibérations portent sur les admissions ou éliminations, les dépenses, les opérations de dépôt ou de prêt. Je note un prêt de 300 l. à un an, un autre de 150 l. avec remboursement stipulé intégral ou échelonné; le débiteur fait un billet à trois mois, qui se renouvelle. L'assemblée fixa d'abord le maximum des emprunts et des dépôts à 20,000 l., puis l'éleva à 30,000. La *Cassa* ne réescompte pas; elle se procure des fonds par les dépôts, auxquels elle alloue 3 1/2 °/₀ (il y en a en ce moment pour 5,000 l.), et par un emprunt à 4 °/₀ ou 4,25 à la *Cassa di Risparmio* de Padoue : toujours le libre emploi des caisses d'épargne, sans lequel M. Wollemborg n'aurait rien pu faire. Le conseil examine les demandes de prêts, accorde tout ou partie de la somme, motive sa décision, surveille la gestion du prêt. Les prêts sont au plus de 500 l., en moyenne de 200. L'assemblée fixe le taux d'intérêt selon les conditions locales ; je remarque que ces hommes de bon sens ont la sagesse de ne pas vouloir se le fixer trop bas, ils savent que le profit ne va dans la bourse de personne.

Quels sont les résultats jusqu'ici ? Fin 1886 nous relevons 125 sociétaires, 114 prêts pour 24,005 l. (sur 133 demandes) ; fin 1887, 133 sociétaires, 145 prêts pour 27,280 l.; fin 1888, 147 sociétaires, 136 prêts pour 30,104 l.; fin 1889, 165 sociétaires, 151 prêts pour 34,147 l. L'exercice 1889 laisse en produits 675 l., en frais et intérêts (toutes les fonctions sont gratuites) 381 l., soit 294 l. de bénéfice, qui vont à la réserve, ou plutôt au patrimoine ; ce patrimoine atteint 1441 L. Il n'y a pas de dividende, ai-je dit ; les *soci* sont dans l'association les uns par désir d'aider leurs frères et par patronage, les autres pour obtenir un peu de crédit honnête. Il n'y a pas eu un sou de perte depuis l'origine; même ceux qui émigrent paient avant de partir ; celui qui ne rembourserait pas serait radié, déshonoré dans son humble milieu, excommunié civilement. Et en France nous croyons les débiteurs agricoles des débiteurs dangereux ! C'est le contraire. Ici tout le monde paye, et jusqu'au dernier centime ; il n'en est pas toujours ainsi à la ville.

Les résultats moraux sont, à mon avis, supérieurs encore aux résultats matériels. Chacun connaît ce qui se passe. Et chacun s'y intéresse avec passion : il n'y a pour le comprendre qu'à voir tous ces paysans debout autour de nous, suivant avec la plus vive attention nos recherches, répondant avec un empressement joyeux à nos questions. Ceux qui ne viennent pas aux réunions paient l'amende. Les illettrés apprennent à écrire pour être admis, car il faut savoir signer nom et prénoms. On ferme la porte à ceux qui avaient l'habitude de la boisson ; ils se sont corrigés, puis sont entrés. Les statuts exigent la garantie de la moralité individuelle : les petits larcins champêtres ont diminué, parce que tel ou tel avait été écarté. Le sentiment de l'aide mutuelle est plus actif. La probité des paiements était instinctive, on a appris en outre la ponctualité. Ces bienfaits moraux expliquent le concours des prêtres catholiques, concours surtout sensible dans l'arrondissement de Bellune où le clergé est très actif, où par exemple c'est un curé, don della Lucia, qui a donné le branle aux Laiteries coopératives.

Nous complétons notre examen par une enquête. Les *documents humains* en apprennent plus que tous les pointages. Les habitants de Vigonovo viennent nous expliquer de quels usuriers affreux ils étaient les esclaves avant la fondation de la *Cassa*, quels services elle leur a rendus, dans quel but ils empruntent, comment ils peuvent se libérer. L'objet des emprunts est le plus fréquemment l'achat de bétail, génisses, porcs, d'autres fois l'extinction de dettes à gros intérêt, ou l'affranchissement de prestations réelles qui entravent le progrès rural, ou l'achat de fourrages. Les ressources pour rembourser proviennent surtout de la revente rémunératrice du bétail. L'un de ces témoins nous conte par exemple qu'ayant emprunté 250 l. à un an pour acheter une bête, il la revendit après cinq mois avec un gain de 80 l., et remboursa ; les 250 l. lui en avaient rendu 80 en peu de temps. Le taux des usuriers, petits spéculateurs de village, était en général de 5 %.

par mois, soit 60 °/₀ ; la *Cassa* prête à 6 0/0. On nous amène
deux enfants, qui tiennent à la main avec l'abécédaire le
mignon livret d'épargne ; la *Cassa* est un professeur de prévoyance. On nous présente un sexagénaire illettré, Galdiolo,
qui, détail curieux, a appris à lire de son petit-fils pour pouvoir être sociétaire. Je vois sur les registres de ces signatures
informes, et d'autant plus touchantes.

Tout cela, c'est bien la réalisation pratique de l'idéal coopératif au village. Elle n'est possible que par l'union, l'esprit
de solidarité. Deux hommes de cœur, MM. Zanon père et fils,
sont ici les piliers de l'institution : le père dirige, le fils s'est
dévoué aux fonctions de caissier-comptable. Ils ont convié les
délégués français à déjeuner dans leur belle villa ; ce n'est pas
seulement de leur accueil sympathique, ni de leur hospitalité
d'une élégance urbaine, que nous les remercions ici, c'est
surtout de nous avoir fait connaître l'œuvre que Vigonovo
doit à eux et à leurs amis.

Abano

De Vigonovo à Abano, commune rurale à 10 kil. de Padoue,
la course n'est pas longue. En chemin nous nous arrêtons, afin
de voir sur le vif la condition locale des cultivateurs, dans
une maison de paysans qui appartiennent à la catégorie des
massariotti. Le chef de famille est fermier d'une terre de 14
campi, un peu plus de 5 hectares, et l'exploite avec sa femme,
deux fils, une fille. Son bail est une simple convention ver-
bale, qui se renouvelle d'année en année ; le fermage est de
900 l. Il a 4 vaches ; deux ont été acquises grâce à un prêt
de la *Cassa Rurale* de Vigonovo, car il en est sociétaire,
et il a déjà éteint son emprunt. L'habitation se compose de
trois chambres, une cuisine, un grenier. Ce n'est ni l'aisance,
ni la misère. Nous sommes dans une contrée où la vie est à
bon marché, sobre, courageuse, où les salaires de la campagne
ne dépassent pas de 0,80 c. à 1 l. 50 pour les hommes, 0,60 c.
pour les femmes... Nous avons bu, avant de les quitter, à la
santé de ces braves gens ; au moment de lever son verre, la

mère prit et tint dans sa main, par une sorte de rite domestique qui nous a paru touchant, la main du père et maître.

L'orphéon instrumental nous attend à Abano. On nous in-
troduit dans la grande salle du Municipe, où nous sommes
accueillis par l'assesseur municipal Sacerdoti, qui salue les
voyageurs en une allocution d'un français irréprochable, par
le président de la *Cassa Rurale*, M. Pio Dalla Vecchia, un
conseiller, le docteur U. Salvagnini, le comptable, M. J. Migliorati, et celui que j'aurais dû nommer avant tous, M. Maurice Wollemborg, *sindaco-capo*, l'un des dignes frères de
notre guide. Ici encore le maire, les conseillers communaux,
le secrétaire de la mairie (M. Migliorati), le médecin (M. Salvagnini), le pharmacien, un prêtre, don Graziani, des propriétaires notables sont les promoteurs. La Caisse date du 23
janvier 1887. Quatre ans à peine s'étaient écoulés depuis les
premières tentatives de Léon Wollemborg, et la Caisse d'Abano
était la 27°. Nous avons laissé la série des créations à Vigonovo, en 1885 ; ensuite étaient venues Sassano, Sant' Andrat'
del Judri, Servo, les villages d'Aune-Salzen, Faller, Zorzoi et
Sorriva, Cergnai, Foen, Montemerlo, Casarsa della Delizia,
San-Giovanni di Casarsa, San-Lorenzo d'Arzene, Castelbaldo,
Inzago, Diano d'Alba, San-Gregorio nelle Alpi.

Abano n'est pas une localité pauvre, grâce aux eaux ther-
males de Montirone qui sont auprès et attirent beaucoup de
baigneurs. Cependant l'usure y était intense. Des paysans
enrichis avaient formé une association occulte, faisant des
prêts de 10 ou 20 l. remboursables au bout de quelques jours
avec 3 ou 4 l. d'intérêt ; ou bien ils avançaient un hectolitre
de maïs, d'une valeur de 12 l., au prix de 22, 23, 24 l. à
payer dans les trois mois. Même les habitants aisés devaient,
pour se procurer une centaine de lires, supporter sur une
avance de six mois un intérêt de 15 ou 20 l., plus un courtage, plus des gratifications à l'intermédiaire et au prêteur.
La *Cassa Rurale* a mis terme à de si criants abus. Son taux
est 6 °/₀ l'an. Les paysans n'y voulaient pas croire ; M. Wollemborg conte qu'au début plus d'un, se trouvant pour un
emprunt de 100 l. devoir 1 l. 50 d'intérêt à la fin du trimes-

tre, allait prier le *ragioniere* de refaire le compte, de peur d'une erreur au préjudice de la Caisse.

Nous nous sommes mis à vérifier. Le coffre ici consiste en deux sébiles. Les registres se déroulent sous nos yeux. Quand on se constitua il y a trois ans, on était 28, et 71 au bout de l'exercice; au 31 décembre 1888, la société comptait 111 membres, elle en compte maintenant 189. Il y a eu 16 sorties l'an dernier; les uns sont morts, les autres ont quitté Abano. Depuis l'origine, 251 prêts ont été consentis pour une valeur totale de 34,045 l. En 1889 il en a été fait 114 pour 17,859 l. Le conseil observe avec soin cette règle statutaire de ne faire droit à une demande que si le but de l'emprunt est nettement défini, car c'est un élément de garantie, si l'affectation de l'argent doit améliorer la situation de l'emprunteur, si le remboursement est vraisemblable. L'assemblée générale détermine le capital à employer en prêts, et a fixé à 300 l. le maximum de chaque prêt. Il s'en fait depuis 50 l.; en moyenne ils sont inférieurs à ceux de Vigonovo. Les opérations s'effectuent deux fois par mois, les jours de foire.

Nous procédons à notre enquête familière. Le point intéressant est la destination des prêts. 16, pour 2,840 l., ont pour objet l'achat de fourrages; 5, pour 426 l., l'amélioration des habitations; 21, pour 2,975 l., l'acquit de fermages; 10, pour 1,705 l., l'achat de bois pour du travail de menuiserie; 6, pour 785 l., la réparation ou le renouvellement d'instruments ruraux; 35, pour 5,745 l., l'achat de matières premières, du cuir par exemple; 29, pour 2,096 l., l'achat de porcs et de brebis; 43, pour 7,265 l., l'acquisition de génisses; 14, pour 3,300 l., de très petites entreprises de maçons ou de serruriers; 50, pour 5,610 l., l'achat de maïs; les pauvres *chiusuranti*, qui n'ont pas assez de leur récolte, mangent maintenant la *polenta* en se passant des prêteurs à la petite semaine. Les prêts préférés du conseil sont ceux qui tendent à l'achat de bêtes ou de fourrages. Les délais varient entre 3, 6, 9, 12 mois; quelquefois on va au delà de l'année.

Et les résultats? Les ressources ont été fournies par des dépôts à terme du Municipe, du bureau de bienfaisance, de notables, par des dépôts d'épargne auxquels on alloue 3 1/4 comme la Caisse postale, par les versements anticipés de certains débiteurs ; au 1ᵉʳ janvier 1890 le solde dû en dépôts atteignait 9,116 l. La *Caisse d'épargne de Padoue* a avancé 6,000 l. à 4 1/4. Le mouvement des prêts va s'accroissant : 46 en 1887, 91 en 1888, 114 en 1889. Les frais jusqu'ici ont absorbé le produit ; cela a moins d'inconvénient, puisqu'il n'existe pas de capital à rémunérer. On a porté à la réserve les 39 l. restant; et comme on trouvait qu'elle serait trop lente à se former. les *soci* se sont imposé pour y contribuer une taxe annuelle de 1 l. par tête. On peut évaluer que les 34,000 l. prêtés en ces trois ans ont procuré au moins un bénéfice de 15 °/. aux associés, 5,000 l. ; c'est énorme relativement à l'humble sphère.

Les résultats moraux ne sont pas moins nets. L'usure a été presque complètement arrêtée. La population est passionnément attachée à sa Caisse. L'absence aux réunions est punie de 1 l. d'amende ; celui qui à l'échéance ne vient pas verser ses fonds paye 1 °/. de pénalité sur le montant du billet. Le contrôle mutuel est très vigilant et très efficace dans un si étroit rayon. On tient tellement à faire partie de l'association que deux paysans nous sont présentés, dont l'un a 53 ans, et qui ont appris à écrire pour y entrer, l'un d'eux de son fils La probité et l'exactitude des paiements se sont affermies et généralisées. Un débiteur étant décédé, un de ses amis qui avait donné aval a immédiatement remboursé. On émigre beaucoup d'ici en Amérique, et c'est une difficulté que ces départs ; tel émigrant, Imperatore. a payé avant de quitter la commune ; tel autre, Benvenuto Ghiro, a envoyé 30 l. d'au-delà les mers.

En vérité, cette deuxième visite nous persuade de plus en plus que ces petites institutions coopératives à solidarité absolue ont, avec leur utilité pratique évidente, une utilité sociale singulièrement digne d'attention. M. Léon Wollemborg a raison, en répondant aux félicitations sincères que nous adressons à lui et à son frère Maurice, de comparer les vertus populaires latentes qu'elles révèlent aux fleurs cachées dans l'obscurité de la nuit et dévoilées par la lumière. Après un lunch offert par le Municipe, et une rapide visite aux thermes voisins, nous repartons d'Abano, profondément intéressés par ces échappées sur des coins de l'humble vie rurale en ce pays d'initiative.

Loreggia.

Nous étions d'Abano rentrés à Padoue, et c'est de là que le lendemain matin nous repartons pour le troisième point de notre programme d'excursion aux *Casse Rurali*. Quelques nouveaux compagnons se sont joints à nous, parmi lesquels le député comte Cittadella, M. Luzzatti, le chev. Viale de la *Banque Nationale*, M. Antonelli de la *Banque Nationale toscane*, M. Lucchetta de la *Banque populaire de Padoue*. Il pleut à verse ; mais on est si bien mis en train par les impressions d'hier. les esprits sont si curieux et les cœurs si contents de rentrer par un coin dans ce monde patriarcal entrevu, qu'on s'inquiète peu de la température. Loreggia est à 26 kil. C'est une commune de 2,795 habitants, dont 120 de population agglomérée, tous à peu près adonnés au travail agricole, la plupart sont fermiers, *massariotti* ou *chiusu-ranti*; quelques petits propriétaires font valoir un lopin. La terre y vaut 350 à 400 l. le *campo*.

C'est là que la famille de Léon Wollemborg a sa résidence rurale; il y passe lui-même l'automne. Ainsi s'explique que Loreggia ait été le lieu où le jeune économiste, armé d'observations directes, essaya de mettre debout, de faire vivre son idée. Nous allons voir la première des *Casse Rurali* par ordre chronologique, quoiqu'elle n'ait guère plus de sept ans de date, et nous serions bien étonnés si cette aînée des institutions pour lesquelles il s'est passionné n'était pas de la part du créateur l'objet de quelque naturelle prédilection.

Nous arrivons à 10 h. sous la pluie. Les *soci* nous attendent, nous font fête, et nous montons au Municipe, où nous reçoit un *sindaco* de 81 ans, droit et vert, le plus ancien des maires italiens en fonctions, M. Tolomei. Autour de lui le

personnel de la *Cassa,* M. Humbert Wollemborg, président,
un second frère de l'initiateur, don A. Rover, vice-président,
le d' de Portis. En quelques-unes de ces paroles fortes et
fines qui trahissent son tempérament intellectuel, Léon Wollemborg nous raconte comment il fut amené à entamer
l'œuvre, à quels obstacles il se heurta. « On me répétait de
« tous côtés que ma tentative était impossible. Et je me
« disais tout bas ce beau mot de Carlyle : toute noble entre-
« prise est *impossible* à ses débuts. » Qu'elle est vraie, la
réponse du penseur anglais à l'éternelle objection de la rou-
tine et de l'égoïsme ! Les paysans de Loreggia souffraient de
la gêne, de l'usure, de l'absentéisme des maîtres. Ils connais-
saient leur jeune voisin, et l'écoutèrent. Après plusieurs
conférences explicatives, 32 personnes signèrent les statuts,
dont nous connaissons le cadre et les lignes fixes. Il y avait
là 12 très petits cultivateurs-propriétaires, de petits fermiers,
le médecin, le secrétaire de la commune, Léon Wollemborg
de qui l'intervention personnelle donnait courage. C'était le
30 juin 1883 : la date mérite d'être notée, elle marquait la
naissance d'une institution. Nous la saisissons ici à son origine, nous démêlons les besoins auxquels elle répondait,
nous assistons surtout à l'acte d'initiative individuelle qui est
presque toujours à l'éclosion des œuvres bonnes

Renseignés par les administrateurs, nous nous mettons à
vérifier les documents. Les 32 *soci* de 1883 sont maintenant
121. L'organisation est celle que nous connaissons. La simplicité est extrême ; tout est gratuit dans l'administration,
sauf le poste du *ragioniere,* qui ici touche l'important hono-
raire de 40 l. par an. En 1889, les frais généraux ont atteint
58 l. On alloue aux dépôts 3 1/2 °/₀, et jusqu'à 3 pour les plus
élevés, avec préavis à trois mois. Les prêts se font à 6 °/₀ ; on
a proposé de réduire ce taux ; mais préoccupée d'élargir le
fonds de réserve, l'assemblée générale s'y est sagement
refusée. L'industrie agricole est si accoutumée à la cherté de
l'argent ! c'est si peu de chose à ses yeux qu'une légère différence dans l'intérêt ! L'assemblée générale détermine le total
maximum des prêts : d'abord de 10,000 l., elle l'a porté à

16,000. Elle arrête aussi le maximum des crédits : il est de 600 l., somme suffisante à un petit cultivateur pour sortir d'embarras, chiffre non pas minuscule, mais proportionné (comme le dit Wollemborg) à la taille économique de ceux qu'il s'agit d'aider. Les moyens dont la *Cassa* dispose étaient primitivement des avances de la *Caisse d'épargne de Padoue* et de la *Banque Nationale toscane* ; maintenant on marche par les dépôts, qui au 30 avril 1890 représentaient 11,278 l. On aime dans la commune cette petite caisse d'épargne ; on la préfère, comme l'instrument libre, au bureau de la Caisse postale.

En 1889 il a été fait 58 prêts. Nous trouvons en circulation pour 3,126 l. de prêts. Les séances ont lieu le 1er et le 15 du mois. On m'en décrit une. Le president, assisté de deux autres collègues, souvent le curé-archiprêtre ou son vicaire, et les syndics, examinent les affaires. Tels sociétaires ont demandé un emprunt, sur formules imprimées ; le conseil apprécie, écrit au pied *accepté* (avec diminution s'il y a lieu) ou *refusé*. Si la décision est affirmative, le sociétaire se présente, signe tant bien que mal un effet à trois mois, et reçoit l'argent. L'intérêt n'est pas retenu d'avance ; il s'ajoute au principal. Tels autres sociétaires viennent payer le capital et les intérêts, ou renouveler les billets, ou amortir partiellement. Les plus joyeux sont ceux à qui quelque aubaine permet de tout rembourser par anticipation. On passe ensuite aux dépôts ; il n'est pas besoin d'être membre pour en faire. Les enfants de l'école viennent, eux aussi, verser 1 l., qui davantage. Tout ce monde entre dans la salle à mesure qu'on l'appelle. Les opérations s'effectuent séance tenante ; le président et un assesseur signent. Le solde en caisse est porté, à la fin, par le *ragioniere* soit à la banque populaire voisine, celle de Camposanpiero à 2 kil., soit à la Caisse postale qui fait ainsi le service de caisse et paye 3 75 °/₀ d'intérêt.

Voyons pourquoi et combien on emprunte. Voici la quotité et l'emploi de prêts consentis en 1889 : 350 l. pour achat de bètail, 200 l. pour un cheval et une génisse, 50 l. pour du maïs, 30 l. pour un porc, 50 l. pour des brebis, 400 l. pour des vaches, 40 l. pour deux porcs, 100 l. pour des fourrages, 50 l. pour une génisse qui vaut le double. On a décidé de faire quelques minimes prêts hypothécaires, au délai maximum de six ans, et jusqu'à concurrence seulement de la réserve.

Nous interrogeons les paysans. Celui-ci a 2 *campi* à lui et 16 en location ; il doit 100 l. pour l'achat d'une génisse, et remboursera en octobre avec le produit de la vente du veau. Celui-là est fermier de 25 *campi* ; il n'avait rien ; il a emprunté 100 l., a exactement remboursé, et ayant continué, possède aujourd'hui six bêtes, pour une valeur de 1500 l. Ce *massariotti* a pris 200 l. pour acheter une vache ; il compte la vendre, y gagner, et garder le veau. Ce petit propriétaire de 14 *campi* en exploite en outre 20 à titre de bail, il doit 500 l. pour achat de bêtes de labour, mais il a 13 bêtes dans son étable. Quels progrès ils remercient tous la *Cassa* de leur avoir apportés ! En voici un qui avait coutume d'emprunter 100 l. à un usurier du village, avec obligation, si le bétail grandissait, d'en céder la moitié, et s'il mourait, d'en rembourser la valeur totale. Cet autre se faisait avancer 100 l. pour avoir des oies : chaque semestre il donnait 1 oie sur 5, plus tard on daigna se contenter de 1 sur 10 ; il paye à la *Cassa* 6 °/o par an. On ne refuse guère ; les demandes passent à leur tour, en peu de mois toutes sont satisfaites ; cinq étaient en ce moment à l'attente. On devine si, outre les services directs, la *Cassa* a abaissé les exigences des autres prêteurs. Voici un vieux qui vient nous dire combien elle est aimée, à quel point lui-même lui est reconnaissant et attaché.

Tels sont les résultats pour les emprunteurs. Quant à la Caisse, dépouillons les bilans. Celui de 1883 accuse 7,507 l. de dépôts, 7,510 l. de prêts ; celui de 1884 8,905 l. de dépôts et 4,000 l. d'acceptations, 12,545 l. de prêts ; celui de 1885 9,585 l. de dépôts et 4,000 l. d'acceptations, 13,865 l. de prêts; celui de 1886 9,776 l. de dépôts et 5,400 l. d'acceptations, 16,165 l. de prêts ; celui de 1887 11,586 l. de dépôts et 4,000 d'acceptations, 15,897 l. de prêts ; celui de 1888 11,091 l. de dépôts et 3,000 l. d'acceptations, 14,982 l. de prêts ; celui de 1889, approuvé par l'assemblée générale du 23 février 1890, 10,374 l. de dépôts et 509 l. d'acceptations, 12.237 l. de prêts. Le fonds de réserve s'est élevé de 31 l. 53 en 1883 à 1,487 l. au 1er janvier 1890. Il n'y a pas eu une seule perte durant ces sept exercices.

Les résultats moraux sont aussi sensibles que ceux dont nous avions été frappés à Abano et à Vigonovo. Affranchis de l'usure, les paysans ont repris courage et confiance. Ils ont l'amour et la fierté de leur humble institution de crédit agricole. Ils en écartent quiconque a l'habitude de vivre aux dépens d'autrui ou le goût de boire. Tel indolent que soutenait le bureau de bienfaisance a été relevé par un prêt, et s'est fait rayer de la liste des indigents secourus pour devenir sociétaire. Ils fréquentent assidûment leurs assemblées, y suivent les prêts, l'emploi des fonds, la libération progressive. S'il y a une absence, on la punit de 0,50 c. d'amende, sauf au médecin à s'enquérir des excuses légitimes. La ponctualité des paiements est rigoureuse ; tout le monde a régulièrement payé depuis l'origine. Pour un seul, de qui l'impuissance était justifiée, une collecte fraternelle entre camarades de champs a couvert la *Cassa*. Des illettrés ont appris à écrire ; on reconnaît leurs signatures rudimentaires. Par l'influence morale de la *Cassa*, une petite association de secours mutuels a été créée contre la maladie ; elle a déjà 1215 l., et les dépose à la *Cassa*...

La villa Wollemborg, qu'un parc délicieux enserre, est à deux pas de la Caisse Rurale, et attend les délégués français. La vénérable mère du jeune bienfaiteur du pays nous y accueille avec dignité et bonté. Le plan de cette narration nous défend de rien dire du somptueux repas et des toasts éloquents échangés. Nous devons nous borner à constater l'impression profonde laissée dans l'intelligence et le cœur de chacun de nous par cette nouvelle visite. De nos trois enquêtes nous pourrons dégager les traits essentiels de l'attachante institution, dont l'humilité est la beauté.

L'apport des Caisses Rurales dans la distribution du crédit agricole.

Avec les variantes naturelles, nous retrouverions dans toutes les *Casse Rurali* les caractères essentiels et les principaux résultats constatés par notre enquête directe sur trois d'entr'elles autour de Padoue. Il en existait au 15 novembre 1890 quarante-quatre confédérées : Loreggia, Gambiano, Trebaseleghe, Fagnigola, Pravisdomini, S. Giovani di Casarsa, S. Lorenzo d'Arsene, Buttrio, S. Angelo di Piove, Campo S. Martino, Vigonovo, Sassano, Sant'Andrat'del Judri, Servo, Aune-Salzen, Faller, Zorzoi, Cergnai, Foen, Montemerlo, Casarsa della Delizia, Castelbaldo, Inzago, Diano d'Alba, S. Gregorio nelle Alpi, Abano, Caupo, Sorriva, Bussolengo, Villa Santina, Fiesse, Monticello di Brianza, S. Rocco Castagnaretta, Arzignano, Boves, Galliera, Rovolon, Cernobbio, Sanguinetto, Tierzo, Gambarare, Stra, Mirano, Bagnolo Mella.... Noms obscurs, qu'il n'est pas superflu d'énumérer en France, puisque chacun signifie le fonctionnement dans un humble village d'un organisme de ce crédit agricole prétendu chez nous irréalisable !

Il n'y a pas des Caisses Rurales qu'en Vénétie, comme on l'a écrit; quatre ont été fondées dans la Lombardie, trois dans le Piémont, une en Toscane. L'œuvre ne se limite pas à une région, elle vise à une extension nationale. Telle est bien la portée du titre sous lequel les Caisses se groupent, *Federazione fra le Casse Rurali italiane.* M. Léon Wollemborg est le président de cette Fédération, à laquelle a été décernée une médaille d'or dans la section de l'Exposition d'Économie sociale à Paris en 1889. Il en retrace le mouvement dans un périodique qui paraît à Padoue le 15 de chaque mois, la *Cooperazione Rurale,* consacrée aussi aux Cercles agricoles et autres institutions de coopération ou de prévoyance à la campagne. Sept années de pratique ont suffisamment légitimé les espérances du promoteur, pour qu'on soit autorisé à considérer les Caisses Rurales autrement que comme des tentatives généreuses. Il faut avouer que jusqu'ici les circonstances leur ont été favorables. Seraient-elles de force à triompher d'une épreuve qui ruinerait à la fois toute une localité, ou même toute une zone, épizootie par exemple ou incendie ? Oui peut-être, si elles savent constituer un fonds collectif d'assurance mutuelle par un prélèvement sur les bénéfices, ou sur les patrimoines déjà formés. M. Wollemborg a publié l'an dernier (Udine, G. Seitz) une vigoureuse étude sur l'*Assurance contre la mortalité des bestiaux;* il est tout désigné pour ajouter ce complément de solidité, la coopération d'assurance, à ses associations, en l'étendant aux divers fléaux de la vie rurale.

Il n'est pas douteux (et il l'a loyalement déclaré) qu'en créant ses *Casse* Léon Wollemborg se soit inspiré des intéressantes associations imaginées au-delà du Rhin par Raiffeisen, et qui continuent si bien de prospérer sous la conduite de son fils M. Rodolphe Raiffeisen, qu'elles atteignaient au 1ᵉʳ janvier 1890 le nombre de 684. Entre les deux sortes d'institutions, les traits communs dominent : l'extrême simplicité et la minimité de frais, l'absence de dividendes, la limitation territoriale à la commune ou au hameau, le patri-moine collectif intangible, l'appui du clergé, la solidarité substituée à l'impuissance des unités agricoles, l'esprit de dévouement et de devoir social. Je note pourtant certaines différences très dignes de remarque. Dans les *Darlehn-Kassenvereine* il y a des mises sociales; les sociétaires des *Casse Rurali* n'ont absolument rien à verser Les associations Raiffeisen ont une couleur conservatrice, les grands propriétaires les dirigent, elles ont eu des subventions des pouvoirs publics, l'aide de l'État, la faveur des fonctionnaires; dans les associations Wollemborg je n'ai trouvé aucune trace d'intervention gouvernementale ni de tendances politiques, le promoteur et ses amis appartiennent plutôt au parti libéral, et quand les *Casse* tiendront des congrès, il s'y rencontrera fraternellement des radicaux avec des prêtres catholiques. — Sous réserve de ces dissemblances, l'institution a été importée :

pourrait-on de même l'acclimater en France ? Je répondrais *oui*, sans la solidarité. Et encore, dans beaucoup de nos communes rurales où la solidarité n'est pas dangereuse, sous l'impulsion d'un propriétaire courageux, pourquoi pas ?

Nous voilà maintenant bien à même de tirer des faits observés et décrits cette conclusion pratique, qui pourrait n'être pas indifférente si elle avait quelque écho. Ils nous permettent aussi de préciser ce qui nous parait être le véritable apport et la fonction exacte des *Casse Rurali* dans la distribution du crédit agricole. Nous voudrions les juger avec vérité, sans exagérer, mais sans affaiblir ce qu'elles nous ont offert de neuf, d'attachant et d'utile. Nous avons lu (notamment, s'il nous en souvient, dans des articles publiés en mai 1890 par la *Gazette de Venise*) des apologies des associations Wollemborg qui peut-être avaient le tort soit d'en amplifier le rôle économique, soit de décrier à leur profit d'autres institutions précieuses. Là ne nous semble pas être la meilleure façon de rendre justice à l'œuvre de Léon Wollemborg. La distribution du crédit élémentaire à la campagne, dans de petites localités, par un instrument exactement adapté et que le contrôle réciproque rend très solide, tel est à nos yeux le vrai service rendu par les *Casse Rurali*. Il est assez beau. Quant aux résultats, nous en avons saisi d'excellents au point de vue économique, et proportionnés à cette humble sphère. Les fruits moraux nous frappent plus vivement encore : soutien du travail, excitation de la volonté, développement de la fidélité aux promesses et de l'aide réciproque dans une sorte de famille élargie, prix de l'instruction mieux senti que sous les contraintes légales, réconciliation des ouvriers de la terre avec leur condition et le capital. L'ensemble offre le plus noble intérêt par cette originalité d'être à la fois très patriarcal et très moderne.

Apport des Banques populaires et des Caisses d'épargne dans la distribution du crédit agricole.

Mais dans la pratique italienne de ce crédit agricole jusqu'ici irréalisable en France, cet outil des Caisses Rurales que nous venons d'examiner n'est point le seul, ni le principal. Il existe deux autres sortes d'institutions distributrices : les coopératives de crédit soit installées dans les centres ruraux, soit rayonnant sur une zone rurale par des annexes, et les caisses d'épargne à régime de libre emploi.

Pour les caisses d'épargne, nous en avons vu un exemple considérable dans celle de Bologne, avec son aide aux banques ou caisses de petites localités rurales, surtout avec son *Credito Agricolo* qui avait en portefeuille au 1ᵉʳ janvier 1890 plus de 7 millions de l. en effets agricoles, sans compter des prêts aux communes ou corps moraux pour œuvres agraires, et de petits prêts agricoles à intérêts de faveur. Sur une moins grande échelle, les caisses d'épargne concourent partout où il en est besoin au crédit agricole soit directement sous des formes variées, soit par le réescompte des banques coopératives rurales. M. Léon Wollemborg, dans son *Rapport pour l'Exposition de* 1889, nous les montre même prodiguant à ses Caisses Rurales naissantes un appui à défaut duquel peut-être celles-ci n'auraient pu commencer d'agir.

Quant aux banques coopératives, leur rôle est plus actif encore. Les *Banques populaires* de *Bologne* et de *Padoue* nous en ont fourni de remarquables preuves. Avec plus ou moins de puissance, il en est de même partout. Nous voici, en quittant Padoue, au milieu d'un réseau de ces banques coopératives qui font du crédit agricole. — C'est la banque de Vicence, qui remonte à 1866 ; fin 1889, elle a un capital de 1,120,230 l., une réserve de 641,747 l., 8,380,656 l. de dépôts, et compte 4,319 actionnaires ; elle fait toutes sortes d'opérations de crédit rural (art. 21 et 28 de ses statuts), notamment des prêts agraires, et même, avec le concours des comices agricoles, des prêts à taux de faveur, qui les uns et les autres font l'objet d'un règlement minutieux. — C'est la banque de Rovigo, qui ne date que de 1880, et compte 1862 *soci*, a un capital de 180,250 l., une réserve de 66,990 l., en dix ans près de 40 millions d'escompte ; elle fait aussi (art. 18 et 30 de ses statuts) les opérations de crédit agricole, et son président, le distingué d' T. Minelli , s'occupe particulièrement de la question. — Des banques plus modestes nous exposent leurs résultats au passage : celle de Cittadella, dans une localité de 10,000 habitants , et qui avec un capital de 140,908 l., 700,765 l., de dépôts, a un mouvement d'effets pour les trois quarts agricoles ; celle de Camposanpiero, dans un bourg rural de 2,500 âmes...

Nous saluons aussi de loin, au passage, puisque le temps ne nous permet plus de l'aller visiter, un de ces *Groupes* de banques populaires dont nous avons indiqué la constitution à propos de celui de la Romagne, et qui contribuent encore à l'œuvre du crédit agraire. Celui-ci est le premier. Il comprend Vittorio, Oderzo, Motta di Livenza, Asolo, Castelfranco-Veneto, Valdobbiadene, Montebelluna, S.-Dona di Piave, Conegliano, ce Pieve di Soligo où la banque coopérative a fait surgir autour d'elle, sous la commune présidence d'un homme dévoué, M. G. Schiratti, un *Syndicat agricole* coopératif et une de ces *Laiteries sociales* coopératives assez développées déjà pour avoir tenu un congrès. Le *Groupe* date de douze ans. Il a pour ressources des cotisations annuelles des banques groupées. Il exerce son action par l'assemblée générale des délégués de ces banques, et par un président élu, qui est l'organe exécutif. Il publie des statistiques, a dressé son statut, resserre les rapports moraux et financiers. Il y en a un second pour les Abruzzes, nous avons vu le troisième en Romagne, le quatrième comprend les Marches, un cinquième les provinces napolitaines, un sixième l'Émilie, un septième la Vénétie. En ce qui concerne le crédit agricole, les *Groupes* tendent à lui rendre un nouveau et important service en combinant l'émission de *cartelle agrarie* collectives.

Toutes ces coopératives de crédit reçoivent des dépôts à long terme, et émettent en échange des obligations à échéance fixe, dotées d'un intérêt plus fort que l'intérêt du court terme, véritables *bons du Trésor de l'agriculture* comme dit M. Luzzatti. Elles ont l'avantage d'une double clientèle, agriculteurs et commerçants urbains ; le réescompte des effets agricoles à échéance plus longue n'est pas aisé, mais le

12

réescompte des effets commerciaux à court terme fournit les fonds. Par un jeu qui répond à la profonde harmonie des choses, l'argent des villes va féconder la campagne.

Ainsi s'exerce complète l'œuvre du crédit agricole : par les caisses rurales dans les très petites localités et pour les besoins des humbles, par les banques coopératives et accessoirement les caisses d'épargne à libre emploi dans les centres moins restreints et pour des opérations plus larges.

N'y a-t-il pas là en vérité de quoi indiquer la voie vraie à nos efforts jusqu'ici impuissants ? Que de fois nous avons rêvé cette absurdité, l'institution centraliste et parisienne de crédit rural ! Tel projet proposa naguère de constituer le gage sans déplacement, de commercialiser les effets agricoles, d'autoriser la Banque de France à l'escompte du papier paysan ; tel autre veut transformer les syndicats agricoles en agents de crédit Au lieu de ces concessions insuffisantes ou douteuses, pourquoi ne pas profiter de l'expérience acquise chez d'autres peuples ?

La constitution de coopératives de crédit locales dans les centres d'activité rurale, latéralement aux syndicats agricoles, mais sans se confondre avec ces syndicats qui sont faits pour autre chose ;

l'organisation d'agences ou succursales des banques coopératives urbaines déjà existantes, dans les localités agricoles de leur département ou de leur région ;

une réforme de la législation organique des caisses d'épargne dans le sens de la cessation de l'absorption totale des dépôts par la Dette d'État, et d'un libre emploi réglé, impliquant la possibilité de consacrer une quotité des fonds au crédit rural, directement ou plutôt par concours aux institutions spéciales ;

de bonnes lois facilitant tout cela, et des mesures adjuvantes du législateur en vue de soutenir les efforts locaux, par exemple l'institution d'un comité permanent au ministère de l'agriculture pour répandre dans les populations rurales les vraies notions du crédit, la formation de comités départementaux de patronage, l'allègement d'une fiscalité étroite et qui paralyse tout ;

voilà la solution du problème. Ce qui importe avant tout, c'est de la dégager, d'orienter les esprits du bon côté, vers le vrai. Peut-être y a-t-on utilement travaillé dans les trois premiers congrès des banques populaires françaises, à Marseille en 1889, à Menton en 1890, à Bourges en 1891.

Nous allions trouver à Lonigo, dernière étape de notre excursion d'études, une de ces banques populaires surtou; agricoles dont je viens d'esquisser le rôle, entourée d'ailleurs d'autres œuvres attachantes de l'idée coopérative.

Lonigo.

Lonigo, charmante petite ville entre Vicence et Vérone, a su, avec 10,000 habitants à peine, se donner toutes sortes de progrès, hier des tramways, demain la lumière électrique, et un faisceau d'institutions économiques qui me semblent, avec celles de Pieve di Soligo, des joyaux de la coopération dans cette région de l'Italie. Comme à Soligo le chev. Schiratti, un homme d'intelligence et de zèle infatigable a été l'initiateur, demeure l'âme de ce mouvement, le d· Dom. Donati, président de la *Banca Popolare*. Suivi de son fils M. Ch. Donati, il est venu, avec le syndic de Lonigo M. Ph. Maffei, et M. J. Carlotto, président de la *Societa per Case operaie*, recevoir à la station les touristes français, qu'ont bien voulu accompagner M. Minelli, président du *Groupe des banques populaires Vénètes*, le comte Piovene, vice-président, et M. Dolcetta, directeur de la *Banque populaire de Vicence*. De robustes carrossiers nous amènent, à travers une campagne riante et soigneusement cultivée, à Lonigo, où la population entière en fête est sur pied et attend ses hôtes.

Dans le vaste hall de l'élégant édifice que s'est construit la *Banque populaire de Lonigo*, nous trouvons rassemblés les administrateurs de la banque et de sa succursale de Noventa, les représentants des deux *Sociétés de secours mutuels*, de la *Société des Habitations ouvrières*, du Municipe, les notabilités du pays. Après les présentations, M. Donati remercie les fils d'une grande nation de venir étudier dans un humble centre les fruits de la coopération, exprime le vœu que cette union dans la recherche des moyens pour aider les déshérités réchauffe le courant d'une indissoluble amitié entre deux peuples frères, et M. Luzzatti explique qu'au milieu des types divers de banques coopératives, il a désiré montrer à ses compagnons d'étude un type moyen à base agricole, arrivé peu à peu à l'autonomie.

Telle est, en effet, l'histoire de la *Banca,* où nous pénétrons de suite pour examiner les services. Depuis 1873 la *Banque populaire de Vicence* avait ici une agence, lorsqu'en 1877, sous l'impulsion de M. Donati, Lonigo voulut y substituer un établissement bien à elle. En quelques semaines on souscrivit un capital de 150,000 l. et un fonds de réserve de 10,000 l. Autant que ce viril *fara da se* d'une population dont la partie agglomérée ne dépassait pas 4 ou 5,000 âmes, retenons ce trait, qui se retrouve à chaque pas dans la coopération italienne : la banque-mère, loin de voir la séparation avec jalousie, y applaudissant dès que le groupe local révèle une sève économique suffisante. Au 1er janvier 1890, 3,255 sociétaires se répartissent 12,380 actions ; le capital atteint 371.400 l., la réserve 162,853 l., un fonds spécial 85,585 l. L'ampleur de ces réserves, que l'actionnaire a consenti à former en modérant le dividende, tient lieu de la force que donne ailleurs la solidarité. Le reste des ressources est procuré par 366,677 l. de comptes-courants, 1,522,728 l. de dépôts d'épargne, 1,213,706 l. de ces bons à échéance fixe dont j'ai parlé comme instrument bien adapté du crédit agricole. Voilà plus de 3 millions d'épargne constituée goutte à goutte. La Caisse postale a peu de clients ; comme partout où l'initiative est forte, ces travailleurs intelligents préfèrent l'action libre à celle de l'État, et comprennent l'avantage qn'ils ont à porter leur argent là d'où il leur reviendra en rosée fertilisante par les prêts ou les escomptes.

L'agriculture est la richesse de ce coin de terre : elle est développée par la *Banca.* Sur un mouvement d'effets de

7,631,270 l. en 1889, je ne trouve pas moins de 11,028 opérations représentant du crédit agricole : pour 3,549,740 l. avec de petits agriculteurs et de petits propriétaires ruraux, pour 1,828,967 l. avec d'autres plus importants, pour 86,414 l. avec des paysans et des ouvriers de la terre. Des prêts agraires de faveur sont en outre consentis jusqu'à 500 l., à 3 75 °/₀, et à un an au plus, pour achat de machines, de semences, d'engrais, d'engrais chimiques, d'animaux, et pour travaux d'amélioration, sur avis du Comice Agraire, selon un accord du 10 juin 1884 avec ce Comice et un règlement détaillé : jusqu'à présent, les cultivateurs ne paraissent pas user assez de ces prêts.

Mais ce qui fonctionne avec largeur, c'est le crédit agricole courant. Nous voulons entrer dans le détail de ces opérations, voir par une sorte de vivisection à quels besoins elles satisfont, et nous appelons dans l'assistance un certain nombre de paysans, qui s'empressent de répondre aux interrogations de ces enquêteurs sans mandat officiel. — Pietro Casaline, qui possède 3 hectares, se rappelle qu'avant la fondation de la *Banca*, on lui prêtait à des taux écrasants ; aujourd'hui il est en face de braves gens, à qui il paye 6 1/4 °/₀, et qui savent attendre un peu s'il le faut ; il a emprunté 1,300 l., et acheté des bois, excellente affaire. — Danzo a acquis avec un prêt de 500 l. un hectare de blé, et par le seul produit a remboursé : « sans la Banque, » s'écrie-t-il, « je ne serais « pas propriétaire. » — Sano, qui a une maisonnette et un lopin, a pu, grâce à un prêt de 550 l., doter une sœur, garder non émietté le chétif domaine paternel. — Trévisan, fermier et commerçant, a par un prêt de 2,000 l. payé son fermage dans de mauvaises années, et s'est libéré par dixièmes sur les gains de son négoce. — Bertesini a arrondi le champ de famille, et a déjà restitué la moitié de son emprunt. — Cora, propriétaire de cinq *campi*, a emprunté 560 l., s'est bâti une étable, et s'est acquitté peu à peu... En définitive la plupart étendent leur propriété, ou l'améliorent. S'il reste des usuriers, ils chôment. Et les pertes sont presque nulles pour la *Banca ;* elle a un donneur de renseignements, petit propriétaire, qui l'informe gratuitement et très exactement.

La *Banca* est prospère. Malgré la crise qui a ralenti un peu le mouvement d'affaires, le dernier dividende a été encore de 8 °/₀. Toute l'organisation est remarquable. Les services de comptes-courants avec chèques, de comptes-courants à garantie d'effets publics, de livrets d'épargne à partir de 0,50 c., de bons à échéance fixe, sont minutieusement réglés comme dans le plus grand établissement. Depuis 1881, des prêts sur l'honneur sont accordés jusqu'à 100 l., à six mois au plus, avec intérêt et amortissement mensuel, mais exclusivement aux membres des sociétés mutuelles de l'arrondissement : il en a été fait pour 7,646 l. en 1889. Quoique le personnel soit peu nombreux, il jouit d'une Caisse de prévoyance du type Courcy, qui ne remonte qu'à 1885 et avait déjà fin 1889 un actif de 16,235 l. On fait en outre l'expérience de l'assurance sur la vie : tous les employés sont assurés à la *Popolare*. La série des comptes-rendus du conseil d'administration depuis douze ou treize ans témoigne d'un incessant effort de progrès. Ce qui me frappe le plus dans cette marche ascensionnelle, c'est qu'elle nous montre sur le vif le succès d'une de ces institutions qui dans un petit centre, au cœur d'une zone rurale, exercent le crédit agricole étendu, complet...

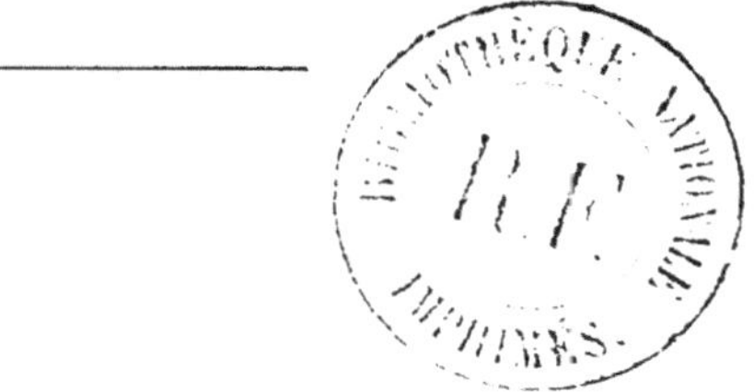

TABLE DES MATIÈRES

Marseille.— Imprimerie A. Garry et C°, rue Sainte, 6.

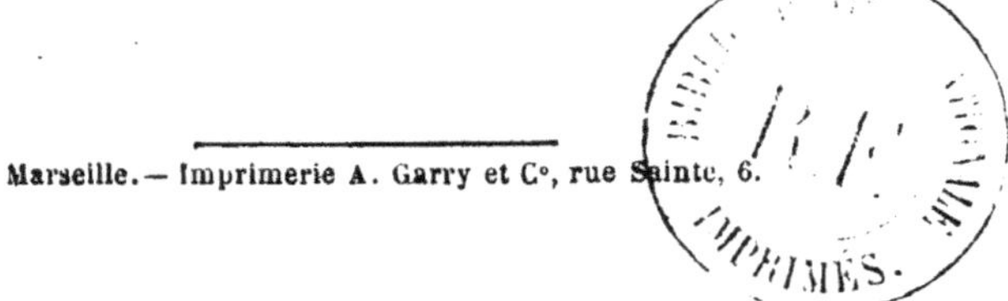

9 782329 812496